普通高等教育新工科电子信息类课改系列教材

智能传感器关键技术及典型应用

主　编　李丹阳
副主编　魏　斌　魏青梅
　　　　马静囡　吴　静
参　编　董懿蓓　雷浩丹

西安电子科技大学出版社

内 容 简 介

本书以培养应用型人才为目标，注重内容的实用性、先进性和应用性，从应用的角度介绍了智能传感器的工作原理及特性，并设置了传感器工程应用案例，可促进学生工程实践能力的培养与训练；同时，设置了基础性、设计性和综合性三个层次的传感器例程，有助于提高学生理论联系实际的能力和动手能力。通过本书的学习，学生可以快速了解智能传感器的关键技术，并掌握基于 FPGA 的典型应用。

本书可作为高等学校电子信息类专业的教材和大学生电子设计竞赛的辅导教材，也可作为电子电路设计爱好者的学习参考书。

图书在版编目(CIP)数据

智能传感器关键技术及典型应用 / 李丹阳主编. --西安：西安电子科技大学出版社，2023.8
ISBN 978-7-5606-6934-2

Ⅰ.①智… Ⅱ.①李… Ⅲ.①智能传感器—高等学校—教材 Ⅳ.①TP212.6

中国国家版本馆 CIP 数据核字(2023)第 130986 号

策　　划　戚文艳
责任编辑　戚文艳
出版发行　西安电子科技大学出版社(西安市太白南路 2 号)
电　　话　(029) 88202421　88201467　　邮　　编　710071
网　　址　www.xduph.com　　电子邮箱　xdupfxb001@163.com
经　　销　新华书店
印刷单位　西安日报社印务中心
版　　次　2023 年 8 月第 1 版　2023 年 8 月第 1 次印刷
开　　本　787 毫米×1092 毫米　1/16　印张 7.75
字　　数　122 千字
印　　数　1～1000 册
定　　价　24.00 元
ISBN　978-7-5606-6934-2 / TP

XDUP 7236001-1

前 言

“智能传感器原理及应用”是一门理论性、实践性、综合性和研究性很强的课程，涉及物理、电子、机械工程、化学等多门学科。目前，智能传感器技术取得了令人瞩目的发展成就，已成为许多国家高新技术竞争的核心之一，但这个领域的研发工作还远远没有完成，始终被更低成本、更小尺寸、更小功耗、更高性能和更好可靠性等需求驱动着。另外，新传感原理、新技术不断涌现，但要使这些原理和技术走向成熟还需要漫长的过程。通常这个过程不仅包含传感器自身性能的提升，还涉及传感器周围系统功能的完善。

本书共4章。第1、2章主要介绍智能传感器的概念、功能、发展现状以及各类典型智能传感器和相关技术。第 3、4 章主要介绍基于可编程逻辑器件FPGA的应用，并从系统层面更深入地探讨智能传感器的设计。

本书旨在为传感器及其系统的设计人员和使用者提供参考，或者作为灵感的源泉来激发他们新的想法；同时，向跨学科的老师和学生介绍智能传感器系统的基本原理，并探讨设计这些系统面临的挑战，从而促进“智能传感器原理及应用”课程与其他学科的融合和发展。通过这样的方式，我们希望能够吸引更多人员涉足智能传感器系统研发领域，共同推进该领域的发展。

本书由李丹阳任主编，魏斌、魏青梅、马静园、吴静任副主编，董懿蓓、雷浩丹参与了书稿的资料搜集、整理等工作。

在撰写本书期间，编者得到了很多人的大力支持和帮助。非常感谢石河子大学李江全教授给予的支持、鼓励和帮助，以及西安电子科技大学出版社相关编辑所做的细致工作。同时，感谢苏州思得普信息科技有限公司提供的技术支持。另外，编者在编写本书的过程中参考了许多文献，在此向相关作者表示感谢。

由于智能传感器技术内容丰富、应用广泛，且技术本身处于不断的发展进步中，加之编者的知识和经验有限，书中难免存在不足之处，恳请广大读者批评指正。

编　者

2023 年 4 月

目 录

第 1 章 初识智能传感器

1.1　智能传感器的概念

智能传感器的概念最早由美国宇航局在研发宇宙飞船过程中提出，并于 1979 年形成产品。宇宙飞船上需要大量的传感器不断向地面或飞船上的处理器发送温度、位置、速度和姿态等数据信息，即便使用一台大型计算机也很难同时处理如此庞大的数据，何况飞船又限制了计算机的体积和质量，于是人们引入了分布处理的智能传感器的概念。其思想是赋予传感器智能处理的功能，以分担中央处理器集中处理的巨大工作量。同时，为了减少智能处理器的数量，通常不是一个传感器而是多个传感器系统配备一个处理器，且该系统的处理器配备网络接口。

目前，智能传感器尚没有标准化的科学定义，其主要原因在于不同时期学者们对"智能"含义的理解不同。现阶段普遍认为智能传感器是具有对外界环境等信息进行自动收集、数据处理以及自诊断与自适应的传感器。

1.2　智能传感器的功能

与传统的传感器相比，智能传感器具有自补偿与自诊断、信息存储与记忆、自学习与自适应、数字输出等功能。

1. 自补偿与自诊断功能

传统传感器往往存在温度漂移和输出非线性的缺点，而智能传感器的处理器可以根据给定的传统传感器的先验知识，通过软件计算来自动补偿传统传感器硬件线性、非线性和漂移以及环境影响因素引起的信号失真，从而最佳地恢复被测信号。其计算方法用软件实现，既达到了软件补偿硬件缺陷的目的，也大大提高了传感器的应用灵活性。此外，传统的传感器往往需要定期检验和标定，以保证传感器能够保持所需的精度。而智能传感器可以通过微处理器中的诊断算法对传感器的输出进行检验，并将诊断信息直观地呈现出来，使传感器具有自诊断的功能。

2. 信息存储与记忆功能

智能传感器内含一定的存储空间，它除了能够存储信号处理、自补偿、自诊断等相关程序，还能够进行各种数据(如历史数据、标定日期和各种必需的参数)存储。智能传感器自带的存储空间缓解了自动控制系统控制器的存储压力，大大提高了控制器的性能。

3. 自学习与自适应功能

智能传感器内嵌微处理器的结构使其具有高级的编程特性，因此可以通过编辑算法使传感器具有学习功能。智能传感器可以在工作过程中学习理想采样值，处理器利用近似公式和迭代算法可认知新的被测量值，即有再学习能力。此外，在工作过程中，智能传感器还可以通过对被测量的学习，再根据一定的行为准则自适应地重构结构和重置参数。

4. 数字输出功能

近年来，数字控制系统成为控制系统的主要发展方向。传统的传感器大多是模拟输入、模拟输出的，在数字控制系统中，传感器输出的信号要经过模/数(A/D)转换后才可以进行数字处理。而智能传感器内部集成了模/数转换电路，能够直接输出数字信号。智能传感器的数字输出功能大大缓解了控制器的信号处理压力。

1.3 智能传感器的应用领域及发展现状

现如今，无论是传统工业还是新兴领域，智能传感器都得到了较为广泛的应用。

1. 土木工程领域

我国作为重大的土木工程和基础设施大国，桥梁、水坝、核电站、供水供电系统工程等使用年限长达几十年，由于腐蚀作用、材料老化等环境和自身因素，不可避免地会造成工程损伤和灾害抵抗力下降等问题，因此智能传感器在土木工程领域的作用就显得尤为重要。

哈尔滨工业大学的周智、欧进萍等人分析了光纤光栅温度传感特性及其应变传感的温度补偿原理和方法，开发了一种满足工程应用的光纤光栅封装传感器，建立了包括传感器、光开关、数据采集和控制软件在内的大规模、分布式的光纤光栅智能监测系统，并将其成功地运用到桥梁的实际施工中，将温度传感器与建筑材料复合，用于桥梁的局部健康监测并取得了良好的效果。

2. 医学领域

在医学领域中，传感器作为核心部件被应用到了众多的检测仪器中。由于关乎人体健康，因此对医用传感器有很高的要求，不仅对其精确度、可靠性和抗干扰性有一定要求，而且对其体积、重量等外部特性也有特殊要求，可以说传感器在医学中的应用在一定程度上反映了传感器的发展水平。

随着可穿戴式、可植入式微型智能传感器的逐渐面世，医学检测仪器的发展有了里程碑式的飞跃。中山大学的冯巍、陈仲本等人研究了一种人体实时监控系统，该系统利用多个微型智能传感器通过基于蓝牙技术的无线网络实现了人体健康数据获取、处理及通信等任务，主服务器对数据进行分析计算后反馈给各个节点，实时监控被监测对象，以避免其发生突发性疾病。这种可穿戴式的智能传感器也可被运用在类似于足球比赛等高强度的体育比赛或运动员的高强度训练中。

3. 汽车及交通领域

交通发展逐渐走向体系化、规范化、智能化管理。利用智能信息搜集与处理、数据通信等技术实现人、车和路信息的多元统一，从而智能调控交通运行系统，再利用道路传感网络获取当前交通系统中基础设施、各类车辆以及人群移动的状态等数据，使交通系统实现智能检测与控制。

目前，在汽车安全行驶系统、车身系统、智能交通系统等领域已经实现了智能传感器的规模化生产，随着智能传感器的不断更新改良，其在汽车领域的应用已经比较广泛。轮胎压力监测系统(TPMS)是一种监测汽车轮胎压力和温度的智能监测系统，该系统的监视器收集各个轮胎的温度和压力数据，并根据轮胎的温度和压力数据的异常情况发出不同的报警信号来提醒驾驶者及时采取措施，对防止重大交通事故的发生起到了积极的作用。

温州大学的雷鹏飞、沈华东等人将红外传感器应用于智能车避障系统中，避障传感器放射的红外线在一定范围内遇到障碍物会被反射，传感器检测到红外线反射回的信号并发送给单片机，单片机通过内部的算法对车辆轮胎的方向、距离进行智能协调，从而完成躲避障碍物的动作。另外，独轮式平衡车作为新兴的个人交通工具，是利用内置传感器收集用户的姿势信息来控制平衡车的前进方向与速度的。

4. 军事与国防领域

军事力量是衡量一国国防实力和综合实力的关键指标，对于国防建设具有重要的作用。作为军事力量的重要组成部分，武器系统的性能决定了军事队伍作战的成败。在武器系统中，引入智能传感器不仅能够实时监测战场形势的变化从而及时调整侦察和作战计划，而且可以通过应用各类微小传感装置实现隐蔽性监视，为摧毁敌方目标点和攻击武装力量奠定了技术和环境基础。美国海军陆战队的地面侦察机器人机身上装有具备俯仰角度和侧倾角度的智能传感器，主要用于潜水侦察，另外机身上还装有基于卫星导航的智能传感器，用于准确模拟战场及其周边地形，从而实现了水陆两栖的完美配合作战。

5. 家电领域

郑志辉等人研究了红外传感器在智能云空调上的应用，他们将红外热成像技术引入智能空调应用开发，实现了空调的智能送风和智能启停等功能。该应用搭配志高云平台可实现智能检测、报警等功能，用户通过 APP 即可了解现场情况。

6. 电子装备领域

智能手环是最常见的一种可穿戴式的电子设备，能够通过微型贴身传感器实时监测并记录用户的饮食、睡眠、健身等数据，同时将这些数据同步到智能手机、平板等电子设备上，用数据指导用户健康生活。

桂林电子科技大学的李易陆、陈洪波等人设计了一种基于 MEMS(微机电系统)数据输出加速度传感器与超低功耗单片机的智能记步手环，该手环利用传感器随时随地记录运动者的步行量、卡路里消耗等信息，通过蓝牙方式传输到手机，实现了计步功能的良好适应，也提高了智能手环的运行可靠性。

Helios 设计了一款配备了 UV 紫外线传感器的智能戒指，用户只需在 Helios 应用上反馈着装、防晒涂抹等情况，智能戒指就可以根据当天的紫外线强度帮助用户确定日光浴时长等。

7. 农业领域

智慧农业是现代农业发展的高级阶段，涉及应用传感和测量技术、自动控制技术、计算机与通信技术等智能信息技术，依托安置在农产品种植区的各个传感器节点和通信网络，实时监测农业生产的田间智慧种植数据，实现可视化管理、智能预警等。因此，传感器技术是现代农业发展的一项关键技术。

中国农业大学的承洋洋、王库、刘超等人设计开发了一种农业环境智能监控系统，该系统通过分布式的传感器节点构建 ZigBee(紫蜂协议)无线传感网络，采集和传输空气温湿度、二氧化碳浓度、土壤温湿度和光照强度等信息，并将这些信息与摄像头收集的图像数据汇集到一起，通过无线电台传输到远程服务器上，远程监控农业生产中的环境问题，实现农业生产管理的智能化与高效率。

8. 海洋探测领域

开发海洋资源的前提是海洋信息的实时收集与检测，随着物联网技术在海洋环境领域的广泛应用，为了实现海洋环境的实时监测、海洋信息的实时采集，海洋信息智能采集成为保证海洋环境监测的基础。

杨秀芳等人设计开发了基于无线传感器的信息采集系统，该系统通过构建无线传感器网络，实时提供海洋环境数据，并充分利用 ZigBee 网络优势，通过智能激活传感器节点所形成的最佳时间间隔减少了网络成型时间，从而降低了功耗和复杂度，同时延长了无线传感器网络的生存时间，有效保证了传感器能够长时间对海洋环境进行实时监测以及对海洋信息进行实时采集，对未来海洋环境的保护和资源的开发具有一定的价值。

9. 航空航天领域

NASA(美国国家航空航天局)为检测制造航天飞机的材料是否达到使用寿命，需要经常检测运载火箭的舱内设施以及各个关键部件结构的健康状况，因此美国斯坦福大学开发了一项斯坦福多制动器接收转换(SMART)层专利技术。在舱身各部分安装了传感器接收器，该接收器接收到中央传感器发射的电磁波后，将其转换为实时数据并传输到计算机中，计算机利用自身的一套算法处理该数据并实现信息反馈，此技术为监测航天飞机各部件结构的健康状况提供了一种方法。

1.4 智能传感器的发展趋势

1. 传感器走向集成化

为了开辟更开阔的发展空间，MEMS 传感器开始走向集成化。目前，一些企业开始开发集成传感器，比如将麦克风与气压传感器进行集成，将气压传感器与温湿度传感器进行集成，将麦克风与温湿度传感器进行集成等。

传感器集成化有三大优势：一是产品功能更加强大，可满足多样化需求；二是成本优势，一个集成传感器比两个单独的传感器更加具有成本优势；三是降低尺寸，可满足更多可穿戴式智能产品的发展需求。

2. 无线能量采集

传统传感器存在诸多制约因素，最为突出的是供电方式。传统传感器主要通过电池或电力线供电，这种供电方式除了存在布设成本，还存在定期维护和更换成本。此外，可穿戴产品的大小也对传感器的尺寸提出了更高要求。因此，无线能量采集成为传感器的下一个发展方向。

无线能量采集技术是指把环境中的能量(如光、动能、热能等)转换成电能来给系统供电的技术。利用无线能量采集技术可实现传感器的自供电，这样传感器可以被安置在任何地方，也可减少维护和更换的成本。目前，已有国外企业推出了相应的解决方案。今后，随着应用的不断推进，传感器还会与人工智能技术相结合，传感器将不是冷冰冰的器件，而会变成一个更加智能、更有温度的产品。

3. 算法和方案

随着细分应用需求的增多，传感器的软件算法和方案的重要性越来越凸显。例如，在心电算法上，除了可以采用心率、心脏负荷率、压力、睡眠指数等的采集，还可以提供通过 FDA(美国食品和药物管理局)认证的医疗应用。此外，依托传感器的健康设备开始不断推出，一些传感器企业提供此类健康设备用于检测身体健康状况，并与保险公司进行合作。具体而言，健康设备中的传感器可以监测出用户的身体状况，保险公司将这些健康设备赠送给用户，从而获得用户的健康信息，并根据健康数据来设定用户参保的额度，从而降低保险公司的损失，并实现利益最大化。

1.5　中国传感器产业的历史机遇

传感器行业入门门槛高、壁垒高、投资大、风险大。在传感器领域，全球具有原创力、产品体量大的国家主要有美国、德国、意大利和法国。相比之下，中国传感器产业存在一些不足：传感器核心技术积累如材料、设计、工艺方面严重缺失；MEMS 企业规模相对较小，拥有完全核心自主设计和 IP 的 MEMS 企业年销售额都未超过 1 亿美元；MEMS 制造端的产业链成熟度不高，产学研结合的平台相对不成熟。

随着智能时代的出现，中国传感器产业恰逢一个难得的历史机遇，抓住这一历史机遇，将会迎来一个新的发展高度。对中国传感器产业而言，既担负着重大的责任，也面临着重大的挑战。为此，中国传感器产业需要在以下方面寻找突破口：传感器精度、小批量—低成本量产能力、多材料复合技术、电池技术、无线无源传感器、封装测试设备和系统、加工设备和耗材国产化等。同时，建立智能传感器产业大生态圈，即不仅需要有器件，而且需要有测试、加工等环节。通过强大的产业生态圈，提升中国智能传感器的产业水平。

智能传感器的研究方向主要有两个方面：一方面是探索新材料、新原理、新技术以提高传感器自身性能；另一方面是随着传感器工艺与标准 CMOS(互补金属氧化物半导体)工艺的融合，微型化、多功能化及智能化是传感器未来发展的必然趋势。中国应该抓住智能时代带给传感器产业发展的历史机遇，全面提升智能传感器的基础研究和产业化水平，为智能时代的到来提供有力的技术支持。

第 2 章 各类典型智能传感器及相关技术

2.1 各类典型智能传感器

传感器的类型非常多样，如环境传感器、惯性传感器、磁性传感器、模拟类传感器、红外传感器、生物传感器、振动传感器、压力传感器、超声波传感器等，可满足各种智能化的应用需求。其中，以下传感器比较常用。

(1) 环境传感器：主要有气体传感器、气压传感器、温度传感器、湿度传感器等。其中，气体传感器可以应用于空气净化器、酒驾监测器、家装中甲醛等有毒气体的检测器以及工业废气的检测装置等。随着人们对环境问题的重视，环境传感器的重要性越来越凸显，此类传感器在未来有很大的发展空间。

(2) 惯性传感器：主要应用在可穿戴产品上，如智能手环、智能手表、VR 头盔等。可穿戴产品通过惯性传感器对运动进行跟踪、识别以及检测，然后告知佩戴者当天的运动量、消耗的卡路里及运动的效果。

(3) 磁性传感器：主要用于家用电器，如咖啡机、热水器、空调等，用来检测产品旋转的角度或者行程，并且通常将检测结果显示在仪表盘上。此外，门磁和窗磁等方面的装置也采用的是磁性传感器，机器人的智能化和精准度也需要磁性传感器做支撑。

(4) 模拟类传感器：主要应用在智慧医疗设备上，可以作为心跳、心电图等信号的输入，并将健康数据进行可视化的输出，让用户了解自身的健康状况。

(5) 红外传感器：常应用于红外摄像头、扫地机器人等智能家居方面。

一个真正意义的智能传感器应具有如下功能：

(1) 自校准、自标定和自动补偿功能。

(2) 自动采集数据、逻辑判断和数据处理功能。

(3) 自调整、自适应功能。

(4) 一定程度的存储、识别和信息处理功能。

(5) 双向通信、标准数字化输出或者符号输出功能。

(6) 算法判断、决策处理的功能。

下面以常用的温度、压力、惯性和生化传感器为例，介绍智能传感技术的研究进展。

1. 智能温度传感器

温度传感器的发展大致经历了传统分立式温度传感器、模拟集成温度传感器和智能温度传感器 3 个阶段。进入 21 世纪后，智能温度传感器朝着高精度、多功能、总线标准化、高可靠性及安全性、开发虚拟传感器和网络传感器、研制单片测温系统等方向迅速发展。目前的智能温度传感器包含温度传感器、A/D 转换器、信号处理器、存储器和接口电路，有的产品还带有多路选择器、中央控制器、随机存取储存器和只读存储器。智能温度传感器的特点是能输出温度数据及相关的温度控制量，适配各种微控制器，并且在硬件的基础上通过软件实现测试功能，其智能化程度取决于软件开发水平。

1) 提高测量精度和分辨率

最早的智能温度传感器始于 20 世纪 90 年代中期，采用 8 位 A/D 转换器，其测温精度较低，分辨率只能达到 1℃。目前，国外已相继推出多种高精度、高分辨率的智能温度传感器，使用 9～12 位 A/D 转换器，分辨率可以达到 0.5～0.625℃。由美国 Dallas 半导体公司新研制的 DS1624 型高分辨率智能温度传感器能输出 13 位二进制数据，分辨率高达 0.03℃，测温精度为 ±0.2℃。为了提高多通道智能温度传感器的转换速率，有的芯片采用高速逐次逼近式 A/D 转换器。以 AD7817 型 5 通道智能温度传感器为例，它对本地传感器、每一路远程传感器的转换时间分别仅为 27 ms、9 ms。在高精密温度测量方面，有学者设计了高性能数字温度传感器，该传感器由石英音叉谐振器、数字接口电路和基于现场可编程门阵列的传感器重置控制算法构成，传感器的灵敏度可以达到 10^{-6}℃，即测温分辨率为 0.001℃，响应时间为 1 s，测量精度为 0.01℃。

2) 增强测试功能

智能温度传感器具有多种工作模式可供选择，主要包括单次转换模式、连续转换模式和待机模式，有的还增加了低温极限扩展模式。智能温度传感器的测试功能不断增强，对于某些智能温度传感器，主机(外部微处理器或单片机)还可通过相应的寄存器设定其 A/D 转换速率、分辨率及最大转换时间。另外，智能温度传感器正从单通道向多通道方向发展，这就为研发多路温度测控系统创造了良好条件。

3) 总线技术的标准化与规范化

目前，智能温度传感器的总线技术也实现了标准化、规范化，所采用的总线主要有单线(Wire)总线、串行(I^2C)总线、系统管理总线(SMBus)和串行外设接口(SPI)总线。

4) 可靠性及安全性设计

为了避免在温控系统受到噪声干扰时产生误动作，在一些智能温度传感器的内部，设置了一个可编程的故障排队计数器，专用于设定允许被测温度值超过上下限的次数。仅当被测温度连续超过上限或低于下限的次数达到所设定的次数时才能触发中断端口，避免了偶然噪声干扰对温控系统的影响。为了防止因人体静电放电而损坏芯片，一些智能温度传感器还增加了静电保护电路，一般可以承受 1～4 kV 的静电放电电压。例如，TCN75 型智能温度传感器的串行接口端、中断/比较信号输出端和地址输入端均可承受 1 kV 的静电放电电压，LM83 型智能温度传感器则可承受 4 kV 的静电放电电压。

2. 智能压力传感器

智能压力传感器是微处理器与压力传感器的结合，可将其分为非集成化智能压力传感器、集成化智能压力传感器和混合型智能压力传感器。

非集成化智能压力传感器把传统的压力传感器、信号调理电路、带数字总线接口的微处理器组合成一体，即在传统压力传感器系统上增加了微处理器的连接。这是一种实现智能压力传感器系统最快的途径和方式。

集成化智能压力传感器是将压力敏感元件与信号处理、校准、补偿、微控制器等进行单片集成的，主要采用微机电系统(MEMS)技术和大规模集成电路工艺技术，利用硅作为基体材料制作敏感元件、信号调理电路和微处理单元，并将其集成在一块芯片上。随着微电子技术的飞速发展以及微纳米技术的应用，由此制成的智能压力传感器具有微型化、结构一体化、精度高、多功能、阵列式、全数字化、使用方便、操作简单等特点。

混合型智能压力传感器是根据需要将系统各个集成化环节，如敏感单元、信号调理电路、微处理器单元、数字总线接口等，以不同组合方式集成在 2～3 块芯片上，并封装在一个外壳中。混合集成是一种非常适合当前技术发展的智能化途径。在智能压力传感器系统中，微处理器能够按照给定的程序对传感器实现软件控制，把传感器从单一功能变为多功能。

智能压力传感器一般具有以下基本功能。

1) 数据处理功能

智能压力传感器不仅可对各个被测参数进行测量，而且根据已知被测量参数，能够自动调零、自动平衡、自动补偿等。

2) 自动诊断功能

自动诊断功能是智能压力传感器的主要功能，智能压力传感器通过其故障诊断软件和自检测软件，自动对传感器和系统工作状态进行定期和不定期的检测与测试，及时发现故障，协助诊断发生故障的原因与位置，并给予操作提示。

3) 软件组态功能

智能压力传感器由于采用了微处理器，所以不仅有必要的硬件，如检测部件、放大部件、A/D 转换器、D/A 转换器、通信接口等，而且还有用于控制和处理数据的软件资源。在智能压力传感器中，还设置有多模块化的硬件和软件。用户通过微处理器发送命令，可以完成不同的功能，从而增加了传感器的灵活性和可靠性。

3. 智能惯性传感器

智能惯性传感器是 MEMS 传感器中应用最广泛的一类传感器，包括加速度计、陀螺仪和方位传感器。MEMS 技术得天独厚的优势实现了智能惯性传感器的小型化，并且降低了成本。现在的惯性测量模块(IMU)集成了三轴加速度计、三轴陀螺仪和三轴磁强计，尺寸可以在 10 mm × 10 mm × 4 mm 内，而成本在 1 美元以内。这种惯性测量模块可应用于智能手机、可穿戴设备上，实现包括步态监测、步数统计、跌倒检测、睡眠监测、室内导航等运动及健康方面的功能，同时也可以实现手势识别、方向感知等娱乐方面的功能。目前，智能惯性传感器的研究正向以下三方面发展。

1) 更小、更灵活、更节能、高性能、高集成

应用于可穿戴设备上的智能惯性传感器，需要具有更小的尺寸和更低的功耗，作为局域网的一个节点实现数据的无线传输，最终实现柔性化。截至目前，全球

最小的三轴加速度计是纳干(Nagano)公司于 2021 年 6 月发布的 IVEA-252A，这款加速度计的尺寸仅为 2.0 mm × 2.0 mm × 0.7 mm，其静态偏移量仅为 ±20 mg。IVEA-252A 可用于各种应用场合，如可穿戴设备、智能家居、无人机和机器人等。除了可穿戴设备的应用外，惯性传感器在军事领域也有着广阔的应用和发展前景，不同于可穿戴设备上的要求，军事方面的应用对传感器精度、可靠性以及在极端条件下的稳定性提出了更高的要求。智能惯性传感器利用质量块的惯性来对待测量进行测量，而 MEMS 传感器质量块小，以陀螺仪为例，其精度一般不如传统陀螺，在航空、航天等高端领域难以被直接应用。根据现阶段的工艺水平，采用单个 MEMS 陀螺的精度已经接近现阶段的极限，需要通过新的方法来提高 MEMS 陀螺仪的精度。

2) 多传感器集成与数据融合

考虑到 MEMS 传感器体积小、成本低，可以利用多传感器集成与数据融合技术来提高精度，即通过多个传感器的信息融合实现优于单个传感器的性能。NASA 在 2003 年提出了虚拟陀螺的概念，即使用多个 MEMS 陀螺组成的阵列对同一信号进行冗余检测并输出多个检测值，采用数据融合技术对这些检测值进行分析综合，将陀螺阵列融合成一个虚拟陀螺，得到对输入角速率的最优估计值，从而大大提高了陀螺精度。其后，西北工业大学的微纳实验室对 3 个零偏稳定性为 35.00°/h 的微陀螺进行滤波处理后，得到的虚拟陀螺漂移性能提高了 200 多倍，论证了虚拟陀螺概念的可行性，也为采用阵列化传感器精度的提高提供了新方法与新思路。

3) 新的敏感机理

提高现有 MEMS 传感器性能的另一个方法是发现新的敏感机理。西北工业大学的微纳实验室在 2015 年展示了世界第一个基于模态局部化的谐振式加速度计。它不是采用传统谐振式加速度计通过检测谐振频率变化敏感加速度的方式，而是通过检测 2 个弱耦合谐振器振幅比的变化敏感加速度，将灵敏度提升 300 倍，为高精度智能惯性传感器的研制开辟了一条新的道路。同时，该课题组基于强迫热对流现象设计出了一种多轴智能惯性传感器“射流转子陀螺”，也开创了一个相对较新的 MEMS 研究领域。射流转子陀螺最多可以同时敏感 3 个方向的角速度与 3 个方向的线加速度，利用流体粒子代替固体质量块。流体智能惯性传感器省略了可动部件，具有器

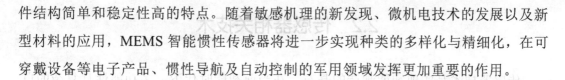

件结构简单和稳定性高的特点。随着敏感机理的新发现、微机电技术的发展以及新型材料的应用，MEMS 智能惯性传感器将进一步实现种类的多样化与精细化，在可穿戴设备等电子产品、惯性导航及自动控制的军用领域发挥更加重要的作用。

4. 智能生化传感器

智能生化传感器是指能够感应生物化学量，并按照一定规律转化为有用信号输出的器件。它一般由两部分组成：其一是生化分子识别元件，由具有生物分子识别能力的敏感材料组成，随着材料科学的发展，由二维新材料形成的生化敏感膜体现出了更加优越的性能，也逐渐成为生化分子识别元件研究领域的热点；其二是信号转换器，主要是由电化学或光学检测元件组成，如电流电位测量电极、离子敏场效应管等。随着当前新材料、新原理以及新集成技术的不断发展，特别是 MEMS 技术、生物芯片(biochip)技术的出现，目前智能生化传感器的研究已经逐渐发展为以微型化、集成化、智能化为特征的生化系统研究。在过去，传感器研究仅仅专注于提升自身性能，如灵敏度、动态范围、响应时间、可靠性等，而随着 MEMS 技术与标准 CMOS 技术的不断融合，传感器与读出电路的集成已成为可能，并且随着混合集成技术的不断进步，更多的功能电路，包括将通信模块、能量收集、电源管理模块集成于智能生化传感器当中，为传感器的微型化、多功能化以及智能化奠定了技术基础。为了真正实现传感器的微型化与智能化，智能生物传感器需要与有源电路相集成，形成多功能化的片上系统。

随着新材料、新结构、新原理的不断发展，基于悬臂梁的 DNA 生物传感器、基于多晶硅纳米线的蛋白质/DNA 传感器、基于水凝胶的血糖传感器、基于离子敏场效应管的 pH 值传感器及基于带隙基准的温度传感器已经可以与其相应的读出电路、无线通信等模块集成于同一芯片上，具备自校准功能，并可在一定范围内实现自调整、自适应功能。在实际应用中，多个生化信号往往需要同时检测，这就需要一个多传感器的片上系统，利用不同的检测原理实现多信号的同时检测。多传感器片上系统的实现为 IC 后道工艺设计提出了诸多挑战，由于布局多传感器的芯片要经过多次后道工艺，因此所有工艺必须与标准 CMOS 工艺兼容，并且后道工艺也要相互兼容。

2.2 传感器相关技术

传感器技术是实现智能制造的基石，在当前智能时代下，多功能性且复杂的自动测控系统的兴起与发展凸显了具有感知、认知能力的智能传感器的重要性。下面简单介绍传感器的相关技术。

1. 射频识别技术

射频识别(RFID)技术是一种自动识别技术，它使用无线电频率来识别和跟踪标签所携带的信息。RFID 技术包括标签、读取器和数据处理系统，它可以跨越许多行业和领域进行应用。在物联网背景下，RFID 技术被广泛应用于供应链管理、资产追踪、智能交通等领域。RFID 技术与传感器技术有很强的相关性，由于传感器能够感知环境信息，并将信息转化为电信号，因此它常常与 RFID 标签结合使用，以获取更精确的环境信息。

RFID 技术中的标签一般包含一个芯片和一个天线。芯片嵌入在标签中，它和天线共同接收并发送无线电信号。当 RFID 读取器向标签发送一个无线电信号时，这个信号将被标签接收并存储其中，然后标签通过天线将反馈信号发送回读取器，读取器随后解码信号以获取标签的相关信息。RFID 技术中最常见的两种标签类型是无源标签和有源标签。由于无源标签不需要电源，它们靠从读取器发射的无线电信号中提取的能量来工作，因此它们比较小，容易安装。相比之下，有源标签需要电源，因此它们通常比无源标签更大，但可以实现更长距离的传输以及拥有更高的数据传输速率。

RFID 技术通常可以与各种类型的传感器配合使用，包括温度传感器、湿度传感器、压力传感器和动作传感器等，它们可以将感测数据编码到 RFID 标签中，以跟踪物品、监测环境变化、检测异常事件等。例如，一个温度传感器可以将环境温度信息嵌入 RFID 标签中，然后将标签粘贴到一个药品容器上，这样就可以让医护人员随时了解药品容器内部的温度情况，以确保药品在运输和储存过程中保持在合适的温度范围内。此外，RFID 标签上嵌入的传感器还可以监测设备的运行状态和机械部件的磨损程度，以实现更高效和更准确的设备维护。

RFID 技术与传感器技术密切相关，它们的结合可以实现更好的自动化和智能化。通过在 RFID 标签上嵌入的传感器来对环境进行监测和控制，不仅可以有效地提升生产效率，还可以提高产品的质量和安全性，避免潜在的设备故障和事故风险。未来，RFID技术将在智能制造、智能物流和智能城市等领域发挥更大的潜力，实现全方位的生产、管理和服务。

2. 多模态传感技术

多模态传感技术(Multimodal Sensing Technology)是指同时使用多种不同原理的传感器对目标进行监测，实现在不同环境下多方面信息的获取和处理。由于各种传感器具有不同的物理特性、灵敏性和准确度，结合多种传感器可以有效地提高对目标的识别和测量不确定性的准确性。

多模态传感技术通过多种传感器对同一目标进行多角度、多方面的测量，从而获取多样化的信息。例如，使用压力传感器可以对压力进行测量，使用红外传感器可以测量温度，使用摄像头可以进行视觉识别等。结合多个传感器数据进行分析可以提高测量的精度和稳定性，并且可以实现对目标位置和状态的准确估计。

在多模态传感技术中，不同的传感器之间相互协作，在数据融合和处理中起到重要的作用。但是，传感器之间也存在着互相干扰。例如，传感器之间的信号交叉干扰可能会影响测量的准确性。因此，在选择传感器时，需要根据实际需求和目标特性来选择相应的传感器，并合理设计传感器的位置和布局。

多模态传感技术为数据采集和分析提供了更广泛的覆盖面和更多的信息，使其在多项应用领域中具有广阔的应用前景，包括智能家居、智能交通、健康监测和环境监测等。

3. 高可靠性传输技术

高可靠性传输(High Reliable Transmission，HRT)技术是指在强干扰或非理想传输环境下，确保数据传输质量和可靠性的一种技术。它采用了一系列的算法和技术，能够有效地提高数据传输质量和减小数据丢失的风险，从而保证数据的完整性和安全性。同时，高可靠性传输技术在实时性要求较高的应用场景中也具有优越性能。

传感器通常用于监测和感知环境中的各种变化，获取并传输环境的参数，如温度、湿度、气压等。为了确保数据传输的可靠性和准确性，需要采用高可靠性传输技术，以减小由于数据传输产生的误差。

高可靠性传输技术可以在数据传输的过程中发现和纠正错误，从而确保传感器数据的准确性。例如，通过检验和循环冗余校验码(CRC)等校验方法，可以检测和纠正数据传输过程中的错误，以保证传输的可靠性。此外，利用前向纠错编码(Forward Error Correction，FEC)等技术，可以在数据传输过程中纠正或避免数据传输中的误码，从而提高传输质量和可靠性。

高可靠性传输技术还可以在强干扰或非理想传输环境下提高数据传输的成功率。通过应用频率跳变、信号增强、复读传输等技术，可以降低数据传输的失误率和丢包率，从而在复杂的环境中保证数据的实时性、可靠性和完整性。

高可靠性传输技术还可以提高传感器的节能性能，在减少数据传输丢失的同时降低能量消耗。通过使用睡眠模式、自适应通信和功耗控制等技术，可以在保证传输质量和可靠性的同时降低功率消耗，从而延长传感器的使用寿命。

4. 安全保障技术

安全保障技术主要包括加密技术、身份认证技术、访问控制技术、身份管理技术、漏洞扫描技术、防病毒技术等。其中，加密技术是最基础，也是最重要的技术手段之一。传感器的数据经常存储着机密、敏感信息或特定用户的信息，使用加密技术可以将其保护起来，这样就能够防止数据泄露、信息窃取或机密被盗。其余的技术措施也是一些非常重要的手段，如身份认证技术可以验证用户身份，访问控制技术可以限制访问权限，身份管理技术可以管理用户身份，漏洞扫描技术可以检测安全漏洞，防病毒技术可以防止病毒入侵，等等。

传感器的安全保障技术包括传感器的硬件设计、软件设计、网络安全等多个层面。首先，传感器的硬件设计应该符合安全要求。例如，在处理器中集成安全芯片，这些芯片可以在传感器加密模块的安全控制下对数据进行加密和解密等操作。除此之外，传感器的软件设计也应该考虑安全性。例如，不使用不安全的算法、不要储存敏感信息等。最后，传感器的网络安全也是非常重要的。因为传感器通常需要接入互联网，所以网络安全措施应该涵盖传输层、应用层、物理层等多个层面，以最大限度地保障传感器的安全。

5. 自适应控制算法

自适应控制算法(Adaptive Control Algorithm)是指一种可以根据环境和系统变化自主调整控制参数的算法。它的主要作用是通过实时调整控制参数，实现对系统动态模型变化、干扰和噪声等因素的适应性控制。

自适应控制算法通过对系统参数、模型变化和干扰等因素进行实时分析和调整，可以提高传感器的控制精度和准确性。例如，在温度传感器的应用中，随着工作环境的变化，其感知精度会受外界影响从而发生变化，此时，采用自适应控制算法可以实现对参数的自我调整，从而实现传感器对环境变化的自适应控制，提高传感器的监测和测量精度。

传感器通常需要进行定期的调整和校准，以保证其稳定性和准确性。然而，传感器调整和校准的过程烦琐、费时、复杂，而且需要专业的技术和大量的设备。自适应控制算法可以通过实时分析和调整系统参数，降低传感器调整和校准的成本，同时提高传感器的工作效率和准确性。

传感器还需要适应不同的工作环境，包括温度、湿度、气压等环境参数的变化。自适应控制算法可以通过对环境参数和传感器参数的实时分析及调整，提高传感器的适应性，从而实现在线监控和控制。

在工作环境变化或者传感器自身参数变化的情况下，采用固定的控制算法往往会导致传感器的稳定性和可靠性受到影响。而自适应控制算法可以通过实时调整控制参数，实现对传感器系统动态模型变化的适应性控制，从而提高传感器的稳定性和可靠性。

6. 大数据处理算法

大数据处理算法的目的是将庞大、复杂的数据集进行分析整合，从中抽取有价值的信息，从而进一步优化决策和业务流程。通过传感器收集大量的数据，然后这些数据经过算法进行处理和分析，从而得出有价值的结论。

大数据处理算法包括数据挖掘、机器学习、深度学习等技术。在处理大数据时，需要对数据进行预处理和清洗，去除噪声、异常值等不必要的数据。然后，使用各种算法对数据进行分析和建模，找出数据中的规律和模式。最后，基于这些挖掘出来的信息，可以作出决策和制订策略。

通过大数据处理算法，人们可以更好地理解和优化业务流程，以及提供更好的服务和产品。

第3章 智能传感器应用基础

本章采用 STEP-MAX10-08C(核心芯片 10M08SCM153)版本核心板硬件，使用 Verilog 作为编程语言，由浅入深，逐步实现点亮 LED、数码管显示到利用状态机去完成交通灯的设计，为下一章包含智能传感器的综合案例的设计打下基础。

3.1 口袋实验室及板卡

1. 口袋实验室

小脚丫 STEP-MAX10 是一款超小巧 40 脚 DIP 结构的 FPGA 开发板。核心 FPGA 芯片选用了 Intel-Altera 公司 MAX10 系列产品，同时板上集成了 USB-Blaster 编程器和按键、拨码开关、数码管、LED 等多种外设资源。板上的 36 个 I/O 接口都通过 2.54 mm 通孔焊盘引出，可以和面包板配合使用，以便快速搭建需要的硬件电路。

STEP-MAX10 FPGA 板上集成的编程器能够完美支持 Intel-Altera 工具 Quartus 系列开发软件，只需要一根 Micro USB 数据线就能够完成 FPGA 的编程仿真和下载，使用方便。图 3-1 与图 3-2 所示为 STEP-MAX10 FPGA 板的硬件布局。

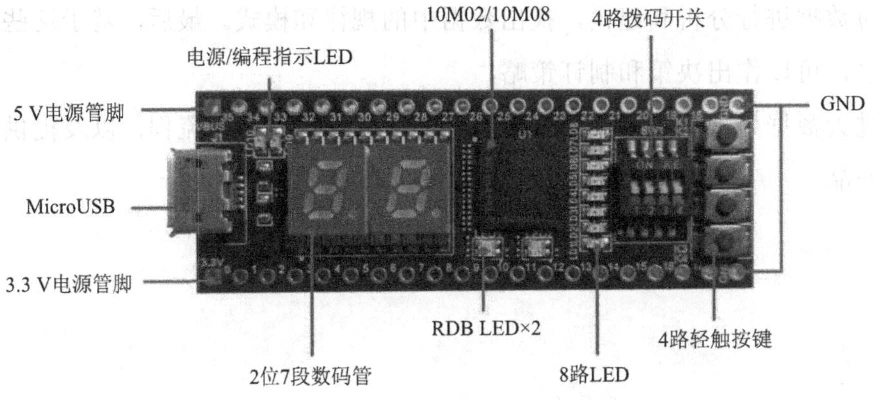

图 3-1　STEP-MAX10 FPGA 板的正面布局

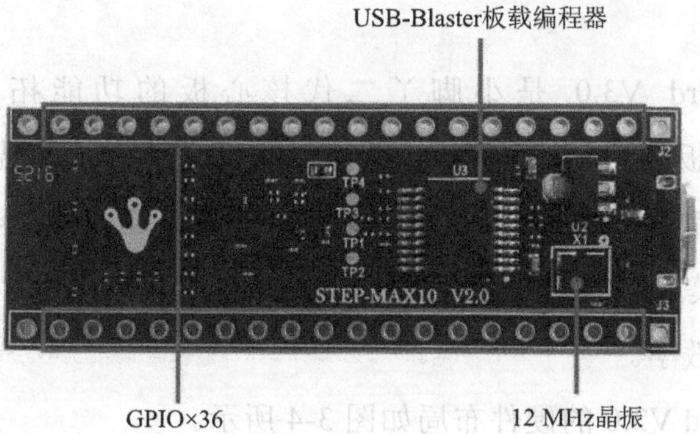

图 3-2　STEP-MAX10 FPGA 板的背面布局

STEP-MAX10 FPGA 板的管脚分配如图 3-3 所示。

STEP 管脚	FPGA 管脚	STEP 管脚	FPGA 管脚	STEP 管脚	FPGA 管脚	STEP 管脚	FPGA 管脚
3.3 V		GPIO9	R7	VBUS		GPIO26	D10
GPIO0	M4	GPIO10	P7	GPIO35	B4	GPIO25	A9
GPIO1	P3	GPIO11	P8	GPIO34	A5	GPIO24	A11
GPIO2	M5	GPIO12	P9	GPIO33	A7	GPIO23	A13
GPIO3	R3	GPIO13	R9	GPIO32	B6	GPIO22	B11
GPIO4	L6	GPIO14	R11	GPIO31	E7	GPIO21	A14
GPIO5	P4	GPIO15	P12	GPIO30	D7	GPIO20	B13
GPIO6	L7	GPIO16	R14	GPIO29	B7	GPIO19	B14
GPIO7	R5	GPIO17	P15	GPIO28	C8	GPIO18	B15
GPIO8	P6	GND		GPIO27	B8	GND	
数码管 1	FPGA 管脚	数码管 2	FPGA 管脚	LED	FPGA 管脚	拨码开关	FPGA 管脚
SEG-A1	E1	SEG-A2	A3	LED1	N15	SW1	J12
SEG-B1	D2	SEG-B2	A2	LED2	N14	SW2	H11
SEG-C1	K2	SEG-C2	P2	LED3	M14	SW3	H12
SEG-D1	J2	SEG-D2	P1	LED4	M12	SW4	H13
SEG-E1	G2	SEG-E2	N1	LED5	L15	轻触按钮	FPGA 管脚
SEG-F1	F5	SEG-F2	C1	LED6	K12	KEY1	J9
SEG-G1	G5	SEG-G2	C2	LED7	L11	KEY2	K14
SEG-DP1	L1	SEG-DP2	R2	LED8	K11	KEY3	J11
SEG-DIG1	E2	SEG-DIG2	B1			KEY4	J14
RGB LED1	R	G	B	RGB_LED2	R	G	B
FPGA 管脚	G15	E15	E14	FPGA 管脚	C15	C14	D12

图 3-3　STEP-MAX10 FPGA 板的管脚分配

2. 板卡介绍

STEP BaseBoard V3.0 是小脚丫二代核心板的功能拓展板，可以用于STEP-MAX10核心板的功能扩展，板上集成了实时时钟RTC、温湿度传感器、接近式传感器、矩阵键盘、旋转编码器、VGA接口、RGBLCD液晶屏、8位数码管、蜂鸣器、UART通信模块、ADC模块、DAC模块和Wi-Fi模块等，可以用于高等学校智能传感器的实验教学。

STEP BaseBoard V3.0 的硬件布局如图3-4所示。

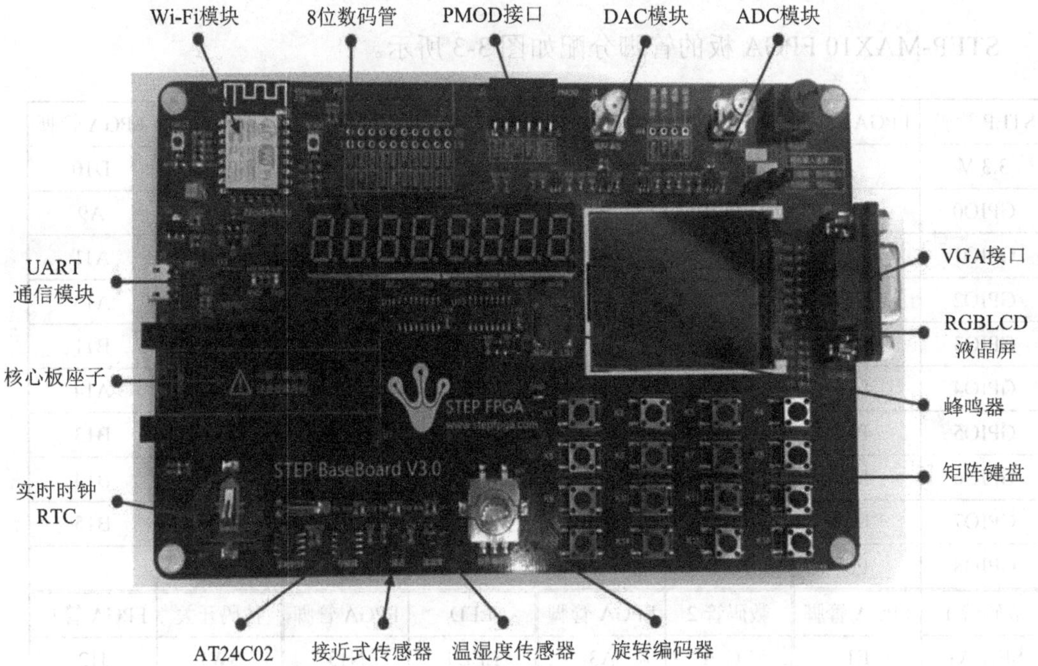

图3-4　STEP BaseBoard V3.0 的硬件布局

3.2 软件安装

Quartus Ⅱ是Intel(原Altera)公司的综合性PLD/FPGA开发软件，作为一种可编程逻辑的设计环境，由于其强大的设计能力、直观易用的接口和具有运行速度快、界面统一、功能集中、易学易用等特点，因此越来越受到数字系统设计者的欢迎。下面详细介绍Quartus Prime软件的下载及安装。

1. Quartus Prime 软件下载步骤

(1) 打开 Intel 官网，找到 FPGA 软件下载中心，进入 Quartus 系列软件安装包下载页面，下载软件安装包。目前 MAX10 最新的软件版本为 21.1，选择 Intel Quartus Prime Lite 版 21.1(Windows)。

(2) 根据下载指南进行下载。

2. Quartus Prime 软件安装步骤

(1) 将下载的文件解压缩，双击运行 Setup 文件。

(2) Quartus 启动界面之后出现安装提示窗口，单击“Next”按钮进入下一步。

(3) 选择同意此协议，单击“Next”按钮进入下一步。

(4) 安装路径默认安装在 C 盘，可以根据实际情况修改(建议只更改盘符)，如图 3-5 所示，单击“Next”按钮进入下一步。

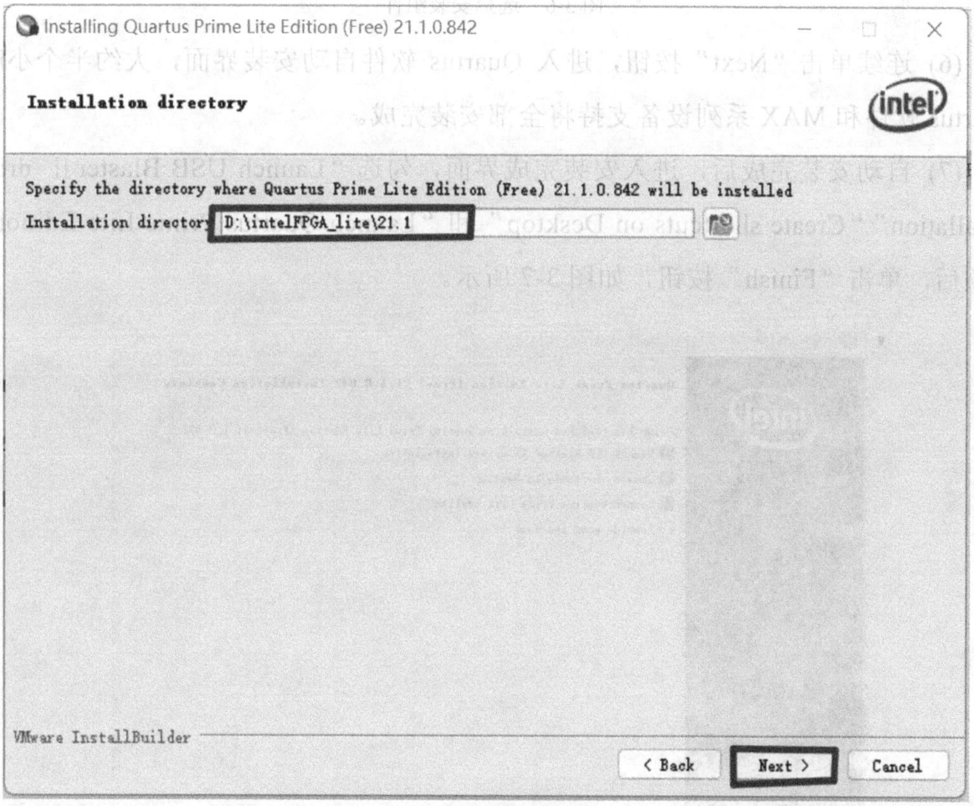

图 3-5　选择安装路径

(5) 选择安装组件，如图 3-6 所示，勾选对应的组件，单击“Next”按钮进入下一步。

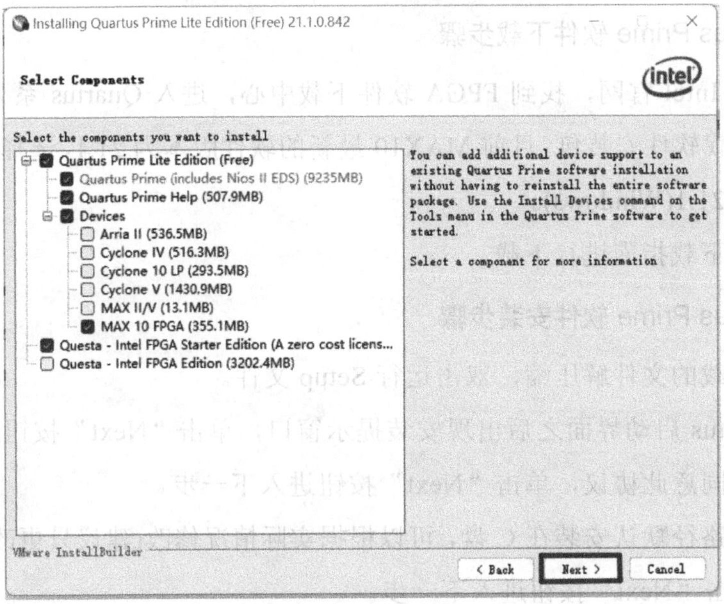

图 3-6　选择安装组件

(6) 连续单击“Next”按钮，进入 Quartus 软件自动安装界面，大约半个小时，Quartus 软件和 MAX 系列设备支持将全部安装完成。

(7) 自动安装完成后，进入安装完成界面，勾选“Launch USB BlasterⅡ driver installation”“Create shortcuts on Desktop”和“Launch Quartus Prime Lite Edition”选项后，单击“Finish”按钮，如图 3-7 所示。

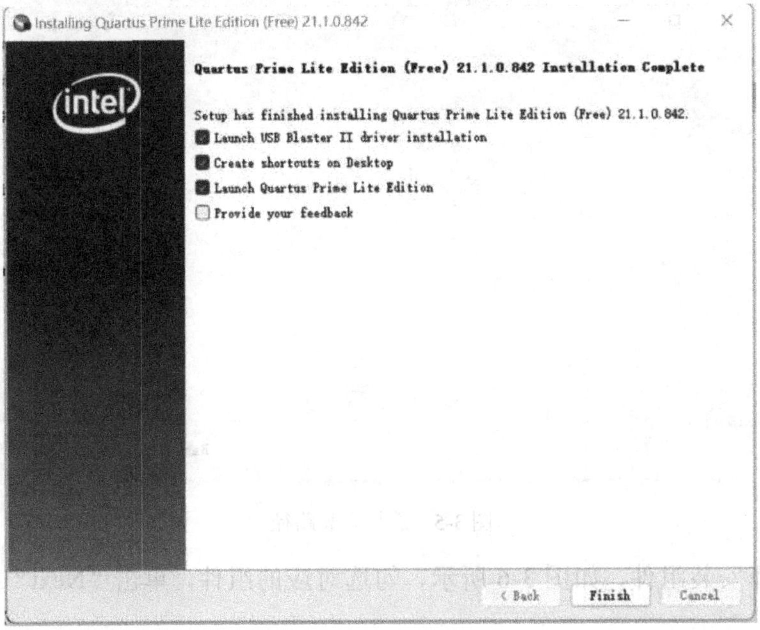

图 3-7　安装完成界面

(8) 在弹出的设备驱动程序安装向导页面上，单击“Next”按钮进入下一步。

(9) 弹出安装设备软件的提示，单击“安装”按钮。

(10) 自动安装设备驱动程序，完成后弹出界面，单击“完成”按钮。

(11) 弹出 Quartus 软件最终完成的页面，勾选“Run the Quartus Prime software”，单击“OK”按钮，完成软件的安装，如图 3-8 所示，同时 Quartus 软件启动。

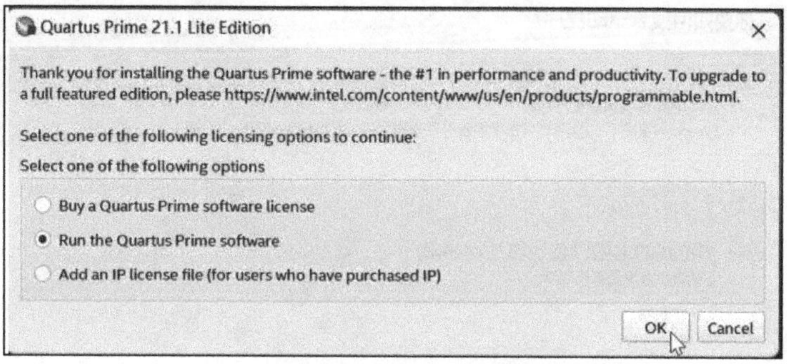

图 3-8　软件安装最终完成界面

3. 驱动安装

一般情况下，安装 Quartus 软件的时候驱动同时完成安装，但是若驱动没有自动安装成功，这时把小脚丫 STEP-MAX10 连接到计算机会则出现无法识别下载器或者下载不成功，打开计算机的设备管理器会发现有 USB-Blaster 被打上黄色三角形警告标志，标识设备驱动有问题，如图 3-9 所示。

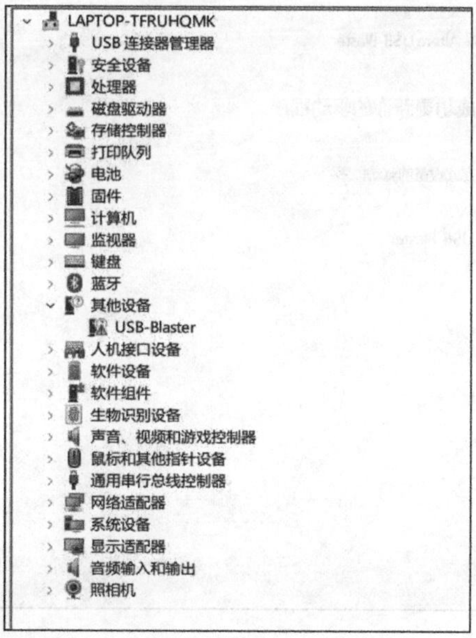

图 3-9　驱动没有自动安装成功

驱动安装失败，需要更新驱动，步骤如下：

(1) 右键单击驱动有问题的 USB 设备，选择“更新驱动程序”，如图 3-10 所示。在弹出的窗口中选择“浏览我的电脑以查找驱动程序(R)”。

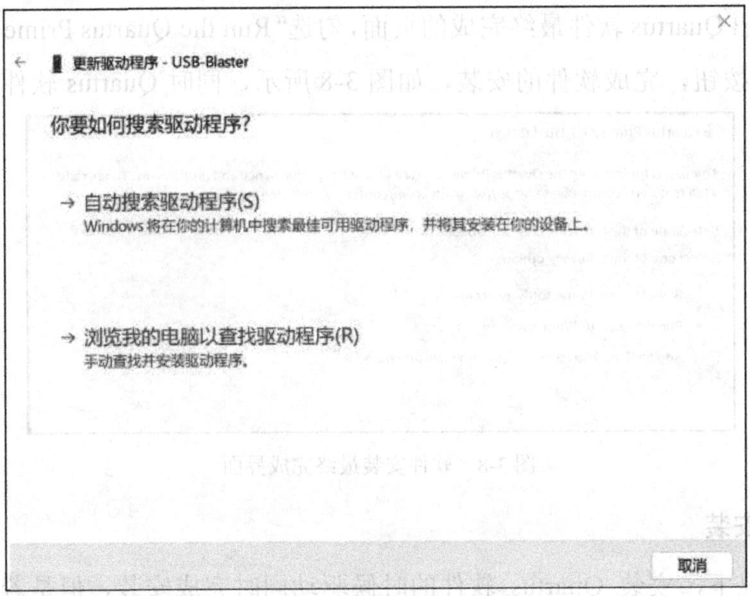

图 3-10　更新驱动程序

(2) 找到 Quartus 安装目录，在\quartus\drivers 文件下搜索驱动程序。更新完毕后，界面如图 3-11 所示。

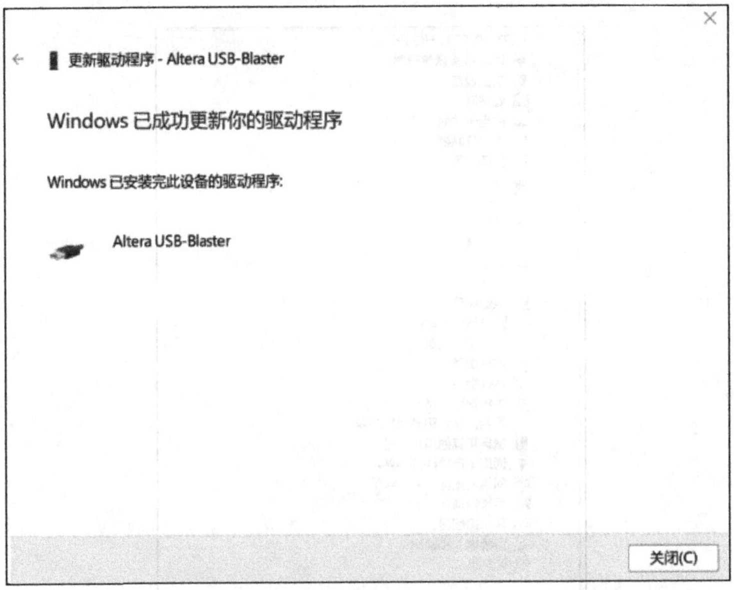

图 3-11　驱动安装完成

3.3　点　亮　LED

安装好 Quartus Prime 设计工具后，下面就需要点亮 LED。本节将介绍通过按键或者拨码开关来控制 LED(发光二极管)的亮和灭，读者可熟悉及掌握 FPGA 开发流程和 Quartus 软件的使用方法。

1. 硬件电路

STEP-MAX10 开发板上有 8 个红色 LED，LED1～LED8 信号连接到 FPGA 的管脚，作为 FPGA 的输出信号控制。当 FPGA 输出低电平时，LED 变亮；当 FPGA 输出高电平时，LED 熄灭。STEP-MAX10 板载 LED 硬件电路如图 3-12 所示。

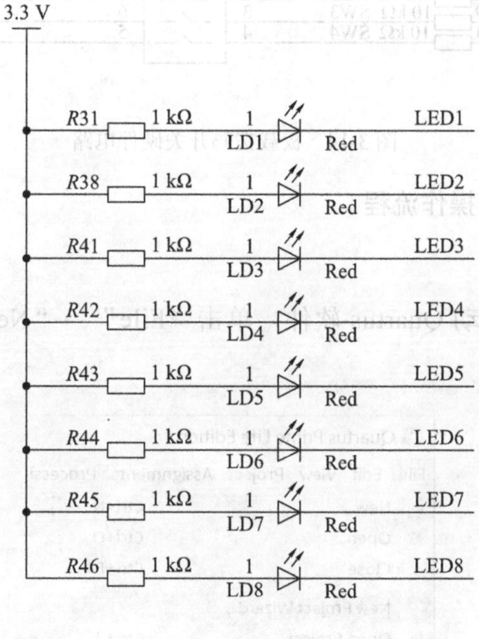

图 3-12　STEP-MAX10 板载 LED 硬件电路

开发板上有 4 个按键和 4 个开关，KEY1～KEY4 是按键控制信号，SW1～SW4 是开关控制信号，它们都连接到 FPGA 的管脚，作为 FPGA 的输入信号。图 3-13 是板载轻触按键硬件电路，图 3-14 是板载拨码开关硬件电路。当按键断开时，FPGA 输入为高电平，当按键按下时，FPGA 输入为低电平；当开关断开(OFF)时，FPGA 输入为低电平，当开关合上(ON)时，FPGA 输入为高电平。因此，可以用开关或者按键来控制 LED 的亮和灭。

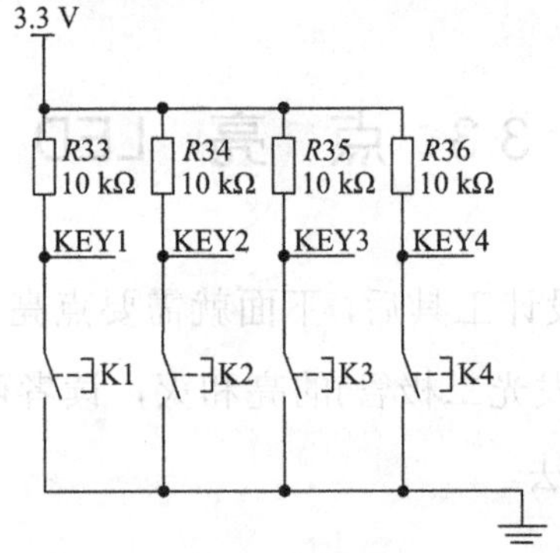

图 3-13　板载轻触按键硬件电路

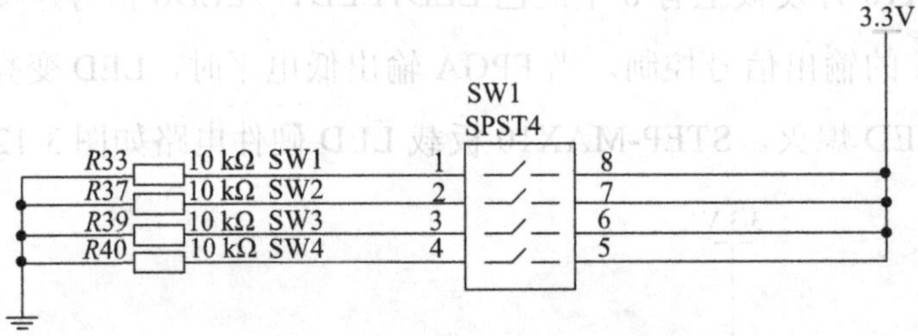

图 3-14　板载拨码开关硬件电路

2. Quartus 软件的操作流程

1) 新建工程

(1) 创建工程。启动 Quartus 软件，单击“File”→“New Project Wizard”创建工程，如图 3-15 所示。

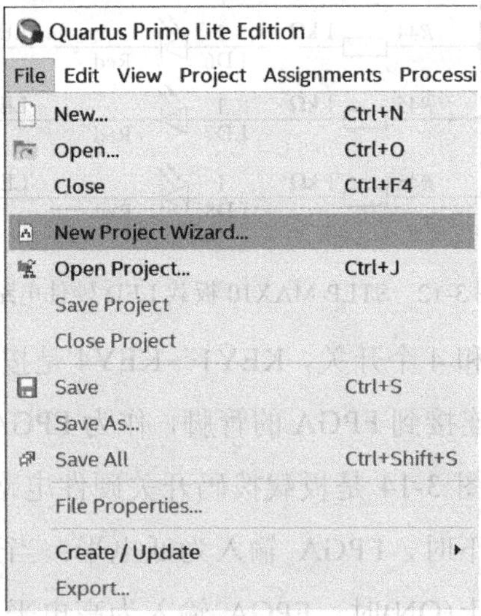

图 3-15　创建工程

(2) 填写工程目录和名称，如图 3-16 所示。注意：工程目录中不能有汉字、空格等字符。

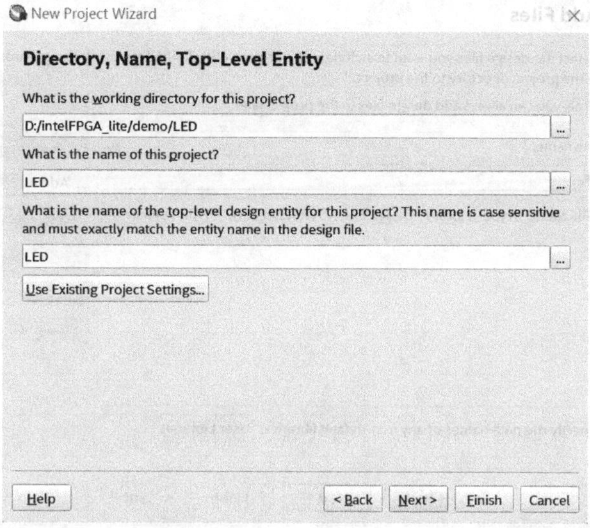

图 3-16　填写工程目录和名称

• 工程目录：选择新建工程的目录。

• 工程名称：LED。

• 顶层模块名称：软件默认与工程名称相同。

(3) 选择工程类型。选择“Empty project”，单击“Next”按钮，如图 3-17 所示。

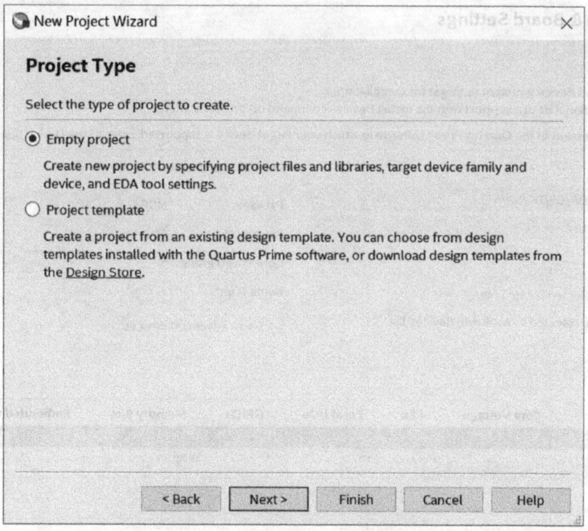

图 3-17　选择工程类型

(4) 添加文件。如果有设计文件，则在当前页面选择并添加；如果没有，则直接单击“Next”按钮，如图 3-18 所示。

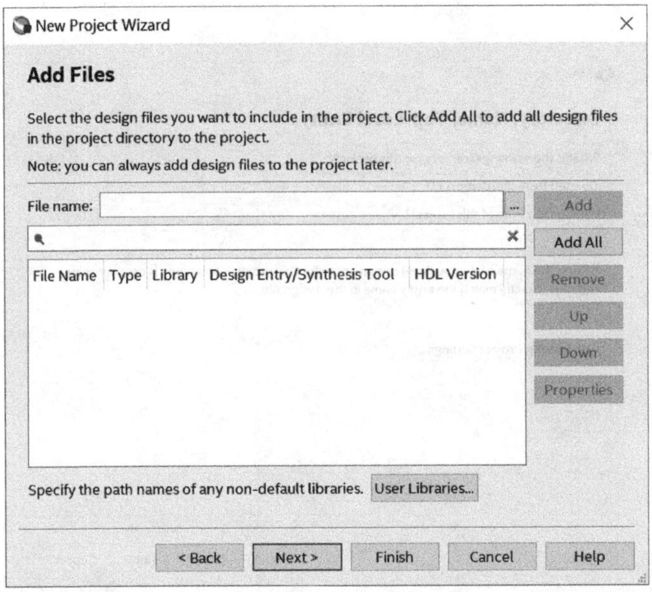

图 3-18　添加文件

(5) 选择器件。根据开发平台使用的 FPGA 选择对应器件，如 10M08SAM153C8G (注意：这里需要根据实物板卡上面的芯片标识选择对应的芯片型号)，单击“Next”按钮，如图 3-19 所示。

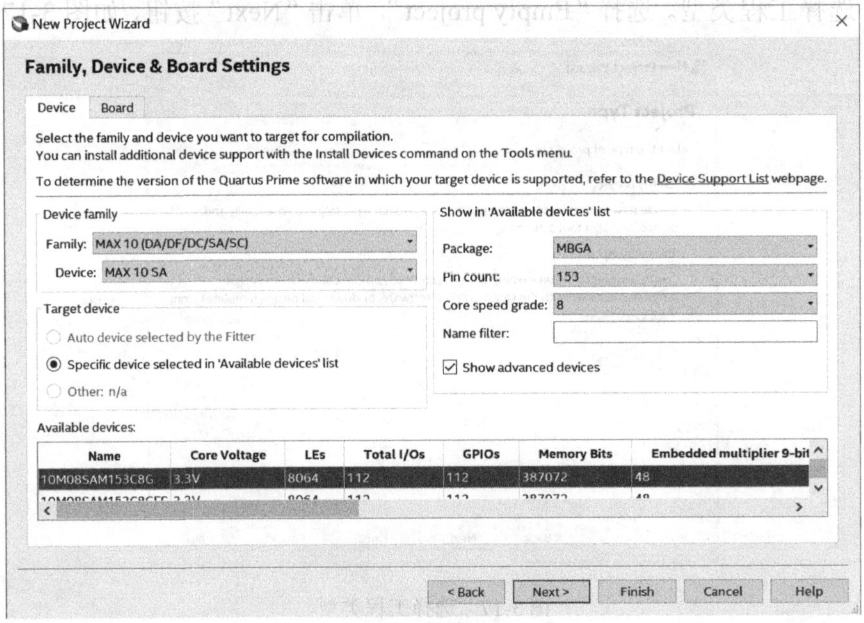

图 3-19　选择器件

(6) 选择 EDA 工具，单击“Next”按钮。

(7) 确认工程设置。确认工程相应的设置，若需调整，则单击“Back”按钮返回修改；若确认设置，则单击“Finish”按钮。

(8) 工程创建完毕，Quartus 软件自动进入开发界面。

2) 添加设计文件

(1) 新建文件。选择菜单栏中的“File”→“New”→“Verilog HDL File”选项，单击“OK”按钮，Quartus 软件会新建并打开 Verilog 文件，如图 3-20 所示。

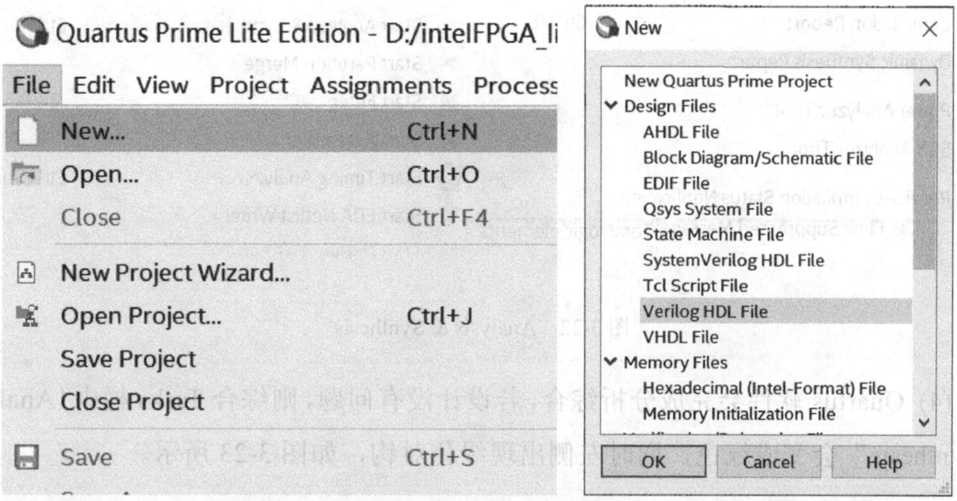

图 3-20　新建文件

(2) 编写代码。在新建的 Verilog 文件中编写并保存 Verilog HDL 代码，文件名为 LED.v，程序代码如图 3-21 所示。

```
module LED
(
    input [3:0] key,        //按键输入信号
    input [3:0] sw,         //开关输入信号
    output [7:0] led        //输出信号到 LED
);
    assign led={key,sw};  //连续赋值，把 key 和 sw 拼接组成一个新的 8 位数赋值给 LED
endmodule
```

图 3-21　程序代码

(3) 选择菜单栏中的“Processing”→“Start”→“Start Analysis & Synthesis”选项，如图 3-22 所示。

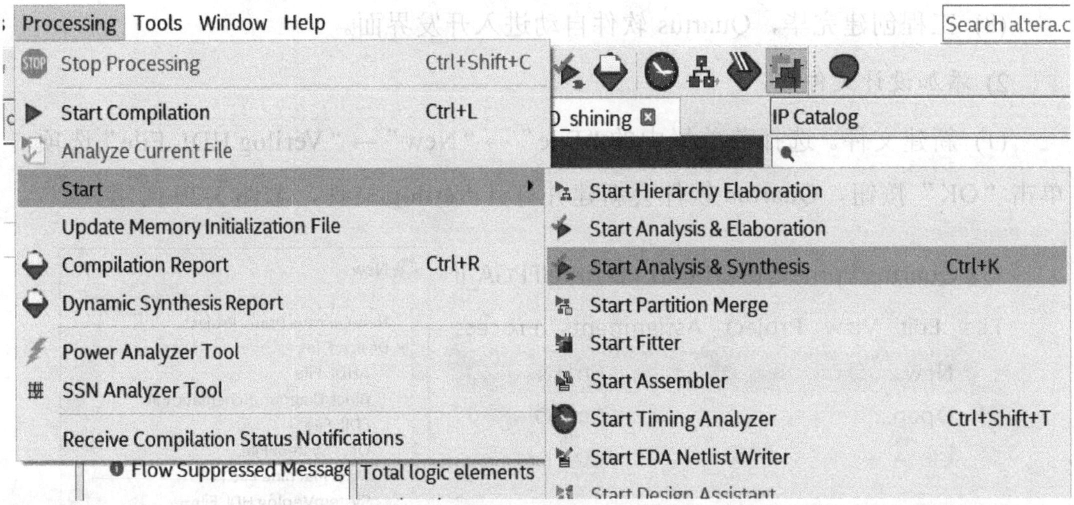

图 3-22　Analysis & Synthesis

(4) Quartus 软件会完成分析综合，若设计没有问题，则综合 Tasks 栏中“Analysis & Synthesis”会变成绿色，同时左侧出现绿色对钩，如图 3-23 所示。

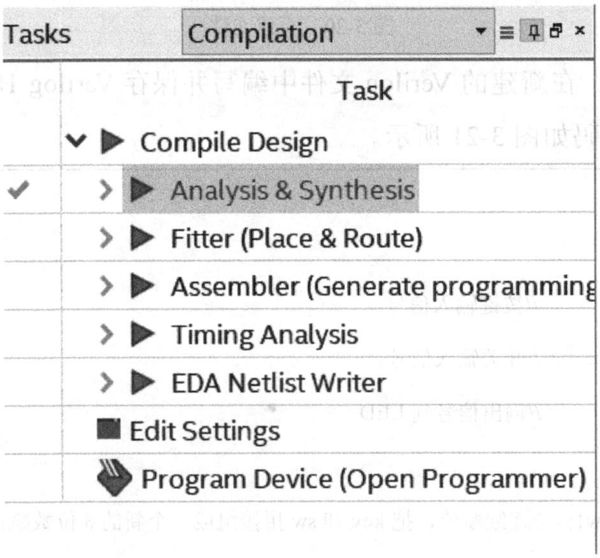

图 3-23　完成 Analysis & Synthesis

(5) 选择菜单栏中的“Tools”→“Netlist Viewers”→“RTL Viewer”选项查看电路，如图 3-24 所示。RTL 电路如图 3-25 所示。

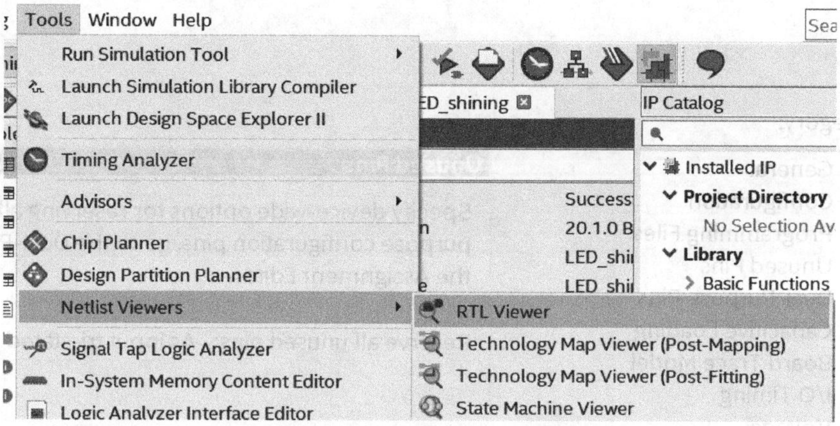

图 3-24　打开 RTL Viewer

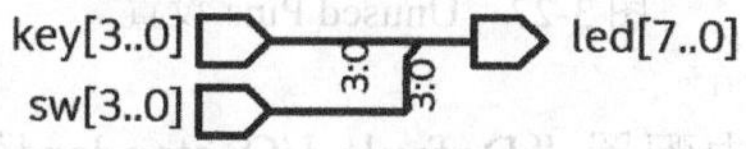

图 3-25　RTL 电路

3) 管脚约束

(1) 选择菜单栏中的“Assignments”→“Device”选项，打开器件配置页面，如图 3-26 所示。然后单击页面中的“Device and Pin Options”选项，打开器件和管脚选项页面。

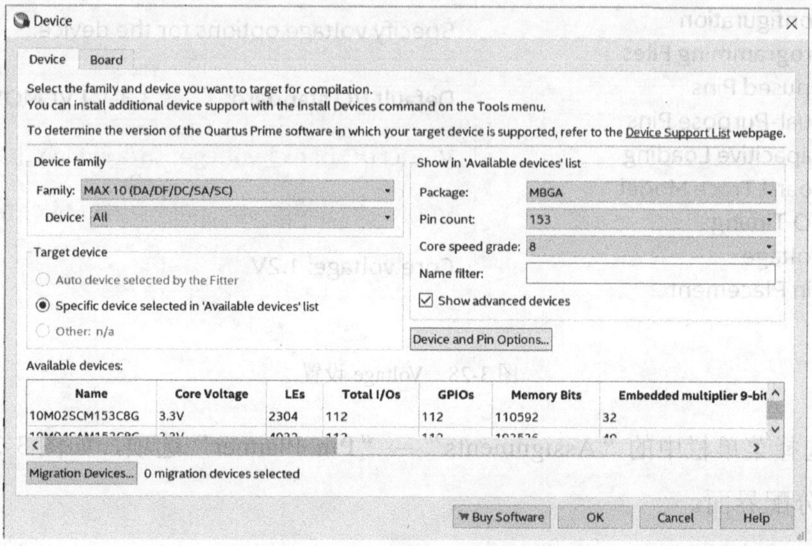

图 3-26　Device 界面

(2) 在"Unused Pins"选项中配置"Reserve all unused pins"为"As input tri-stated"状态，如图 3-27 所示。

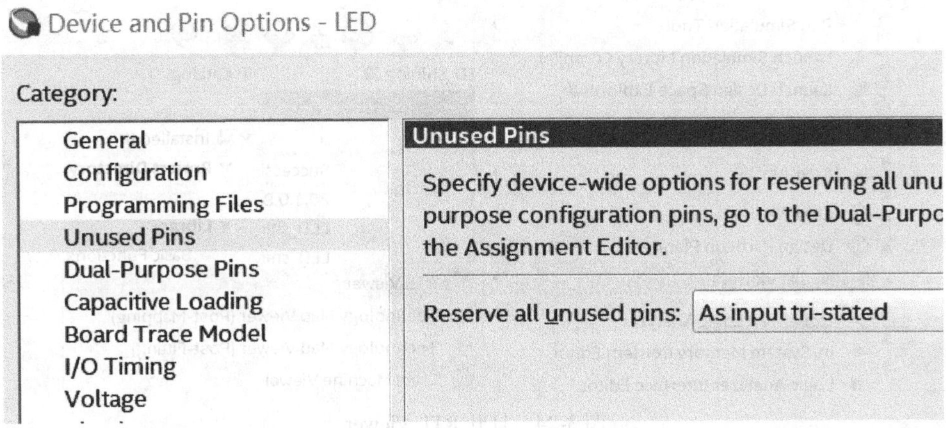

图 3-27　Unused Pins 设置

(3) 在"Voltage"选项中配置"Default I/O standard"为"3.3-V LVCMOS"状态，如图 3-28 所示。然后单击"OK"按钮，返回设计界面。

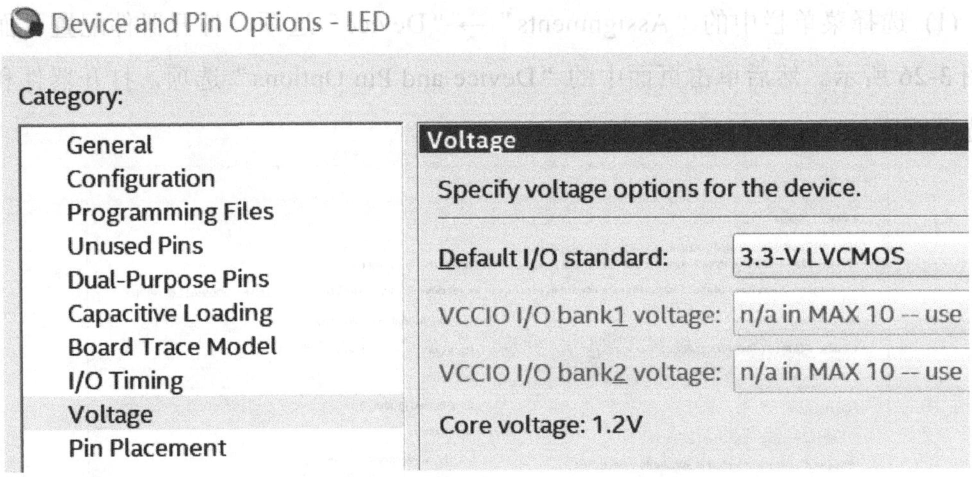

图 3-28　Voltage 设置

(4) 选择菜单栏中的"Assignments"→"Pin Planner"选项，如图 3-29 所示，进入管脚分配界面。

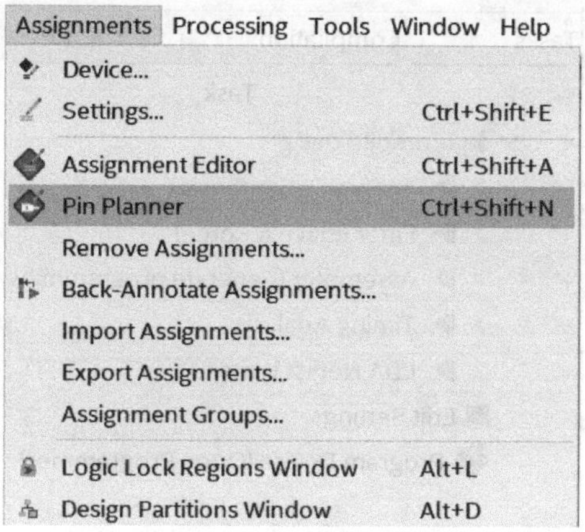

图 3-29　选择分配管脚

(5) 在“Pin Planner”页面中给所有端口分配对应的 FPGA 管脚，管脚分配明细如图 3-30 所示。管脚分配完会自动保存，单击关闭。

Node Name	Direction	Location	I/O Bank	VREF Group	I/O Standard
key[3]	Input	PIN_J14	5	B5_N0	3.3-V L...efault)
key[2]	Input	PIN_J11	5	B5_N0	3.3-V L...efault)
key[1]	Input	PIN_K14	5	B5_N0	3.3-V L...efault)
key[0]	Input	PIN_J9	5	B5_N0	3.3-V L...efault)
led[7]	Output	PIN_K11	5	B5_N0	3.3-V L...efault)
led[6]	Output	PIN_L11	5	B5_N0	3.3-V L...efault)
led[5]	Output	PIN_K12	5	B5_N0	3.3-V L...efault)
led[4]	Output	PIN_L15	5	B5_N0	3.3-V L...efault)
led[3]	Output	PIN_M12	5	B5_N0	3.3-V L...efault)
led[2]	Output	PIN_M14	5	B5_N0	3.3-V L...efault)
led[1]	Output	PIN_N14	5	B5_N0	3.3-V L...efault)
led[0]	Output	PIN_N15	5	B5_N0	3.3-V L...efault)
sw[3]	Input	PIN_H13	6	B6_N0	3.3-V L...efault)
sw[2]	Input	PIN_H12	6	B6_N0	3.3-V L...efault)
sw[1]	Input	PIN_H11	6	B6_N0	3.3-V L...efault)
sw[0]	Input	PIN_J12	6	B6_N0	3.3-V L...efault)

图 3-30　管脚分配明细

(6) 选择菜单栏中的“Processing”→“Start Compilation”选项，如图 3-31 所示，开始编译。等待“Tasks”列表中所有选项完成编译，如图 3-32 所示。

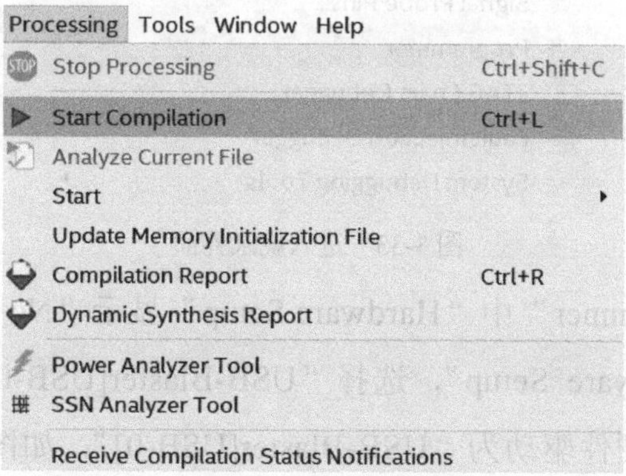

图 3-31　选择开始编译

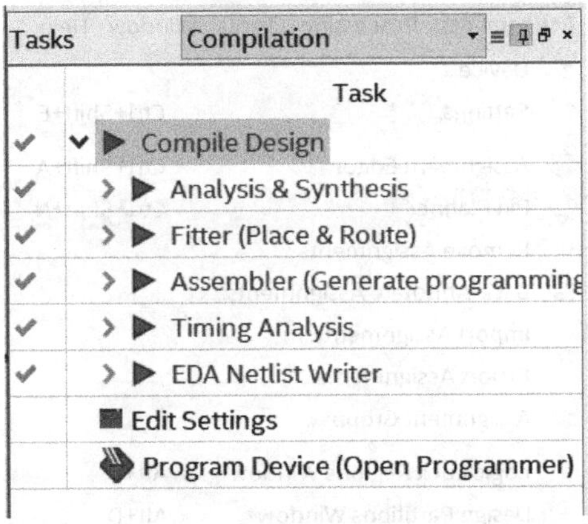

图 3-32　编译完成

4) FPGA 加载

(1) 使用 Micro-USB 线将 STEP-MAX10 开发平台连接至计算机 USB 接口，选择菜单栏中的“Tools”→“Programmer”选项，如图 3-33 所示，进入烧录界面。

图 3-33　进入烧录界面

(2) 如果“Programmer”中“Hardware Setup”显示“No Hardware”(如图 3-34 所示)，则单击“Hardware Setup”，选择“USB-Blaster[USB-0]”，如图 3-35 所示。正常烧录界面应确认硬件驱动为“USB-Blaster[USB-0]”，如图 3-36 所示。

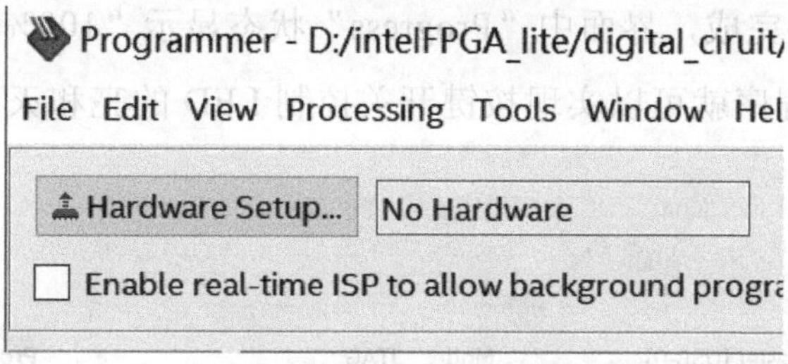

图 3-34　未检测到硬件驱动

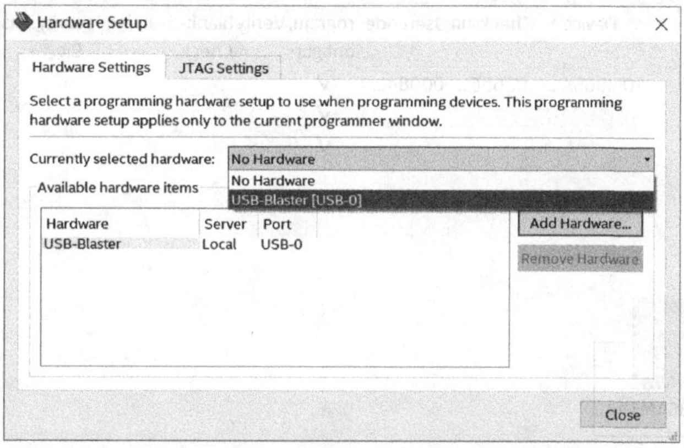

图 3-35　选择 USB-Blaster

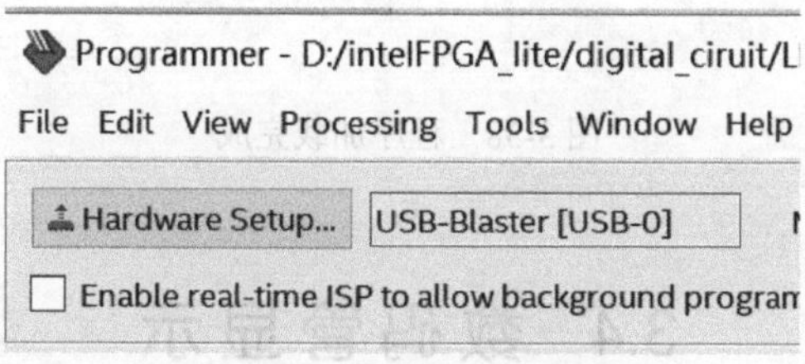

图 3-36　成功检测到硬件驱动

(3) 默认情况下，打开“Programmer”，自动装载的是后缀 .sof 流文件。.sof 文件是直接配置 SRAM 的流文件，下载到器件后掉电不能保存，烧录速度快。.pof 文件是对 MAX10 芯片的 Flash 进行配置的，掉电不丢失。装载文件如图 3-37 所示。单击“Change File”按钮，可以更改装载文件。

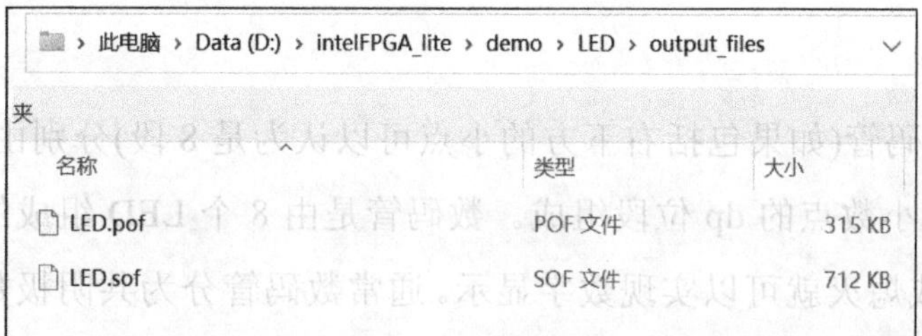

图 3-37　选择装载文件

(4) FPGA 加载完成，界面中“Progress”状态显示“100%(Successful)”，如图 3-38 所示。下载完程序就可以实现按键开关控制 LED 的亮和灭。

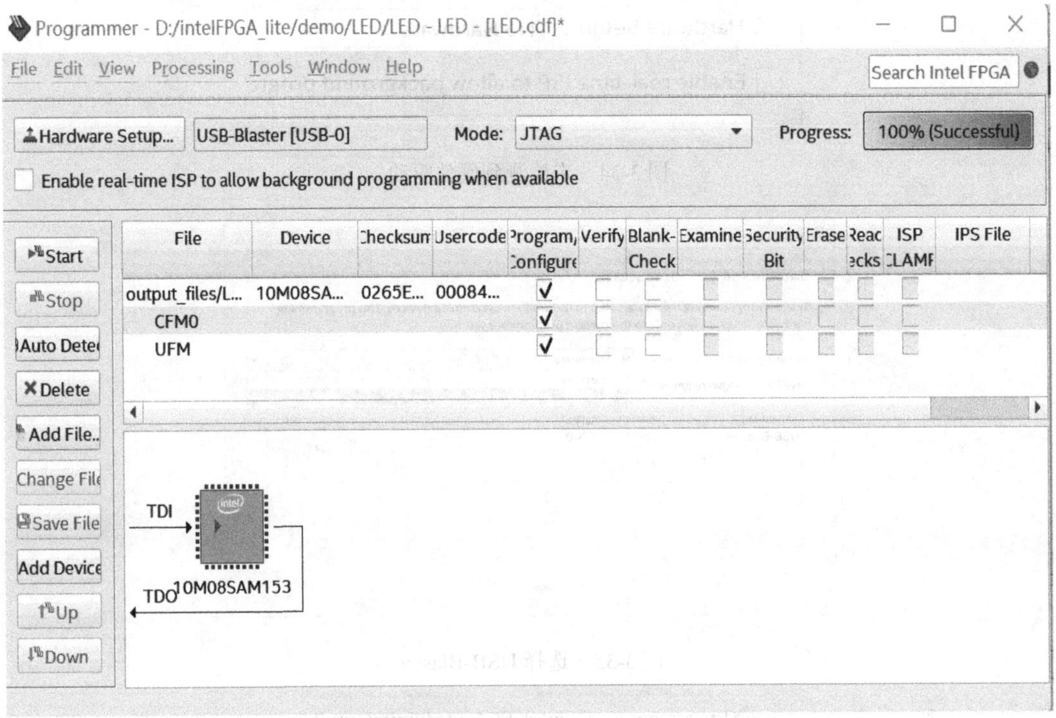

图 3-38　程序加载完成

3.4　数码管显示

数码管是工程设计中使用很广的一种显示输出器件。本节将以板载共阴数码管为例，实现数码管的显示。通过学习用 Verilog HDL 描述数码管驱动电路，读者可理解和掌握数码管的驱动，进一步熟悉并掌握 FPGA 开发流程和 Quartus 软件的使用方法。

1. 硬件电路

一个 7 段数码管(如果包括右下方的小点可以认为是 8 段)分别由 a、b、c、d、e、f、g 位段和表示小数点的 dp 位段组成。数码管是由 8 个 LED 组成的，通过控制每个 LED 的点亮或熄灭就可以实现数字显示。通常数码管分为共阴极数码管和共阳极数码管，其管脚及内部结构如图 3-39 所示。

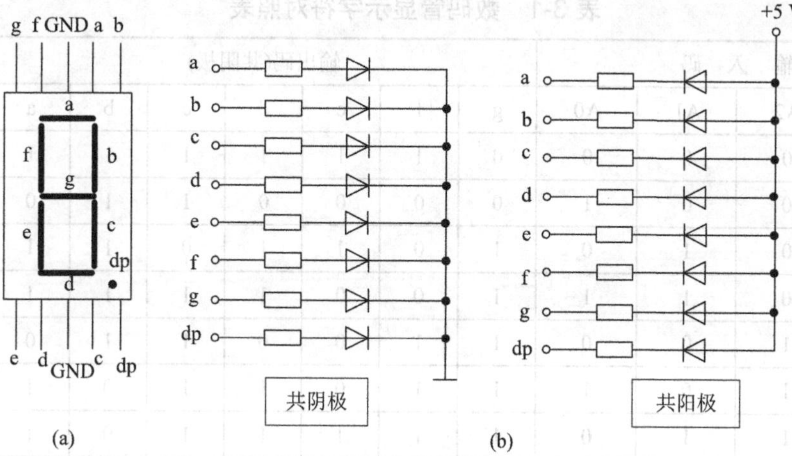

图 3-39　数码管管脚及内部结构

共阳极 7 段数码管的信号端低电平有效，而共阳端接高电平有效。当共阳端接高电平时，只要在各个位段上加上低电平信号就可以使相应的位段发光，例如：要使 a 段发光，则在 a 段信号端加上低电平即可。共阴极的数码管则相反。在小脚丫 STEP-MAX10 开发板上有 2 个共阴极数码管，板载数码管电路如图 3-40 所示，可以看到数码管的控制和 LED 的控制有相似之处。

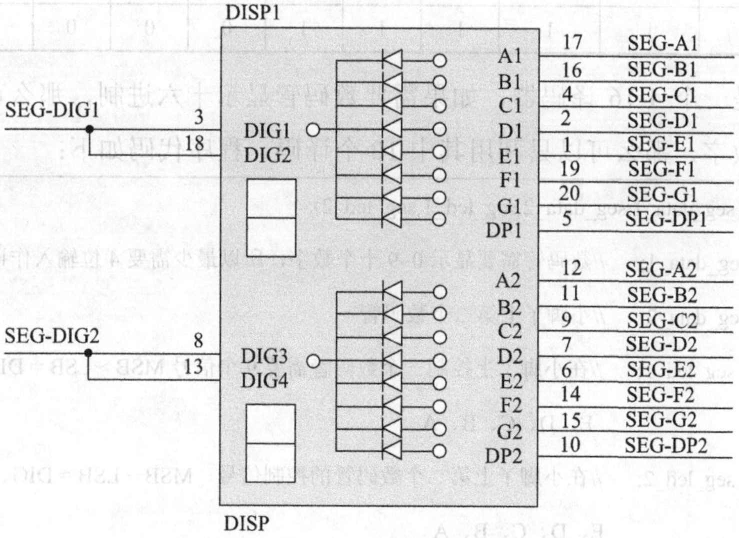

图 3-40　小脚丫 STEP-MAX10 板载数码管电路

数码管所有的信号都连接到 FPGA 的管脚，作为输出信号控制，FPGA 只要输出这些信号就能够控制数码管对应的 LED 亮或者灭。通过开关来控制 FPGA 的输出，数码管显示字符对照如表 3-1 所示。

表 3-1　数码管显示字符对照表

输　入　码				输出码(共阴极)							字形
A3	A2	A1	A0	g	f	e	d	c	b	a	
0	0	0	0	0	1	1	1	1	1	1	0
0	0	0	1	0	0	0	0	1	1	0	1
0	0	1	0	1	0	1	1	0	1	1	2
0	0	1	1	1	0	0	1	1	1	1	3
0	1	0	0	1	1	0	0	1	1	0	4
0	1	0	1	1	1	0	1	1	0	1	5
0	1	1	0	1	1	1	1	1	0	1	6
0	1	1	1	0	0	0	0	1	1	1	7
1	0	0	0	1	1	1	1	1	1	1	8
1	0	0	1	1	1	0	1	1	1	1	9
1	0	1	0	1	1	1	0	1	1	1	A
1	0	1	1	1	1	1	1	1	0	0	B
1	1	0	0	0	1	1	1	0	0	1	C
1	1	0	1	1	0	1	1	1	1	0	D
1	1	1	0	1	1	1	1	0	0	1	E
1	1	1	1	1	1	1	0	0	0	1	F

这其实是一个 4-16 译码器，如果需要数码管显示十六进制，那么可以全译码；如果只显示数字，那么可以只利用其中 10 个译码。程序代码如下：

```
module segment (seg_data_1,seg_data_2,seg_led_1,seg_led_2);
    input [3:0] seg_data_1;    //数码管需要显示 0~9 十个数字，所以最少需要 4 位输入作译码
    input [3:0] seg_data_2;    //小脚丫上第二个数码管
    output [8:0] seg_led_1;    //在小脚丫上控制一个数码管需要 9 个信号 MSB～LSB = DIG、DP、G、F、
                               E、D、C、B、A
    output [8:0] seg_led_2;    //在小脚丫上第二个数码管的控制信号  MSB～LSB = DIG、DP、G、F、
                               E、D、C、B、A
    reg [8:0] seg [9:0];       //定义了一个 reg 型的数组变量，相当于一个 10 × 9 的存储器
                               //存储器一共有 10 个数，每个数有 9 位宽
    Initial                    //在过程块中只能给 reg 型变量赋值
                               //Verilog 中有两种过程块 always 和 initial
```

```
                //initial 和 always 不同，其中语句只执行一次
    begin
        seg[0] = 9'h3f;  //对存储器中第一个数赋值 9'b00_0011_1111，相当于共阴极接地，DP 点变低
                          不亮，7 段显示数字  0
        seg[1] = 9'h06;   //7 段显示数字  1
        seg[2] = 9'h5b;   //7 段显示数字  2
        seg[3] = 9'h4f;   //7 段显示数字  3
        seg[4] = 9'h66;   //7 段显示数字  4
        seg[5] = 9'h6d;   //7 段显示数字  5
        seg[6] = 9'h7d;   //7 段显示数字  6
        seg[7] = 9'h07;   //7 段显示数字  7
        seg[8] = 9'h7f;   //7 段显示数字  8
        seg[9] = 9'h6f;   //7 段显示数字  9
    end
    assign seg_led_1 = seg[seg_data_1];   //连续赋值，输入不同的 4 位数
    assign seg_led_2 = seg[seg_data_2];   //输出对于译码的 9 位输出
endmodule
```

综合后的 RTL 电路如图 3-41 所示。

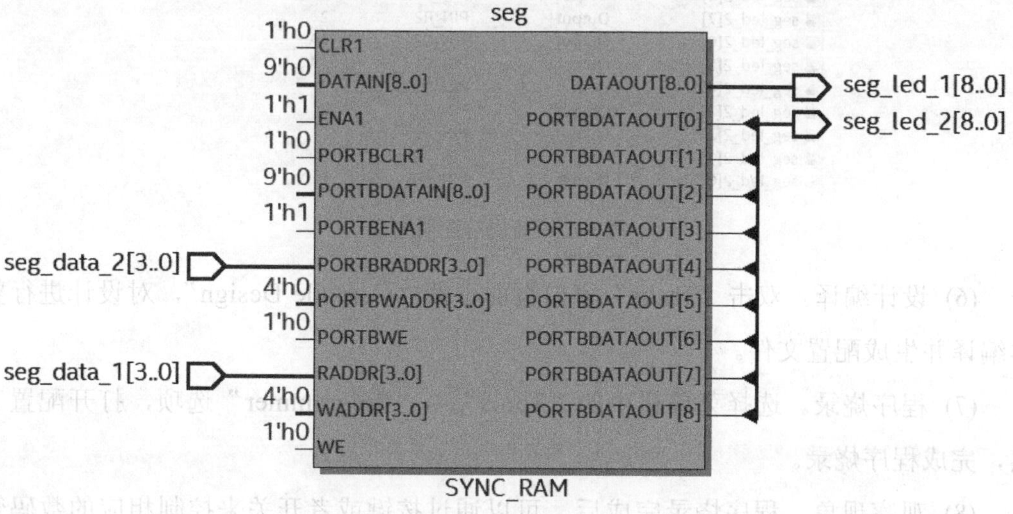

图 3-41　RTL 电路

2. 操作流程

(1) 双击打开 Quartus Prime 工具软件。

(2) 新建工程。选择菜单栏中的“File”→“New Project Wizard”，新建工程(包括工程命名、工程目录选择、设备型号选择及 EDA 工具选择)。

(3) 新建文件。选择菜单栏中的“File”→“New”→“Verilog HDL File”，键入设计代码并保存。

(4) 设计综合。双击“Tasks”窗口页面下的“Analysis & Synthesis”，对代码进行综合。

(5) 管脚约束。选择菜单栏中的“Assignments”→“Assignment Editor”，根据项目需求分配管脚，管脚分配明细如图 3-42 所示。

Node Name	Direction	Location	I/O Bank
seg_data_1[3]	Input	PIN_H13	6
seg_data_1[2]	Input	PIN_H12	6
seg_data_1[1]	Input	PIN_H11	6
seg_data_1[0]	Input	PIN_J12	6
seg_data_2[3]	Input	PIN_J14	5
seg_data_2[2]	Input	PIN_J11	5
seg_data_2[1]	Input	PIN_K14	5
seg_data_2[0]	Input	PIN_J9	5
seg_led_1[8]	Output	PIN_E2	1A
seg_led_1[7]	Output	PIN_L1	1B
seg_led_1[6]	Output	PIN_G5	1A
seg_led_1[5]	Output	PIN_F5	1A
seg_led_1[4]	Output	PIN_G2	1B
seg_led_1[3]	Output	PIN_J2	1B
seg_led_1[2]	Output	PIN_K2	1B
seg_led_1[1]	Output	PIN_D2	1A
seg_led_1[0]	Output	PIN_E1	1A
seg_led_2[8]	Output	PIN_B1	1A
seg_led_2[7]	Output	PIN_R2	2
seg_led_2[6]	Output	PIN_C2	1A
seg_led_2[5]	Output	PIN_C1	1A
seg_led_2[4]	Output	PIN_N1	2
seg_led_2[3]	Output	PIN_P1	2
seg_led_2[2]	Output	PIN_P2	2
seg_led_2[1]	Output	PIN_A2	8
seg_led_2[0]	Output	PIN_A3	8

图 3-42 管脚分配明细

(6) 设计编译。双击“Tasks”窗口页面下的“Compile Design”，对设计进行整体编译并生成配置文件。

(7) 程序烧录。选择菜单栏中的“Tools”→“Programmer”选项，打开配置工具，完成程序烧录。

(8) 观察现象。程序烧录完成后，可以通过按键或者开关来控制相应的数码管显示数字。

3.5　实现 LED 流水灯

实现流水灯是很常见的一个实验，虽然逻辑比较简单，但是包含了实现时序逻辑的基本思想。用 FPGA 实现流水灯有多种方法，本节将采用模块化的设计方法。通过学习译码器电路，读者可理解模块化的设计思路和方法，并掌握时序逻辑电路分频器的原理和设计方法。

1. 设计模块

模块化的设计是用硬件描述语言进行数字电路设计的一种有效方法，代码可重复利用，并且模块化的设计使程序的结构也很清晰。把 LED 流水灯的实现分成两个模块：时钟分频器和 3-8 译码器，框图如图 3-43 所示。

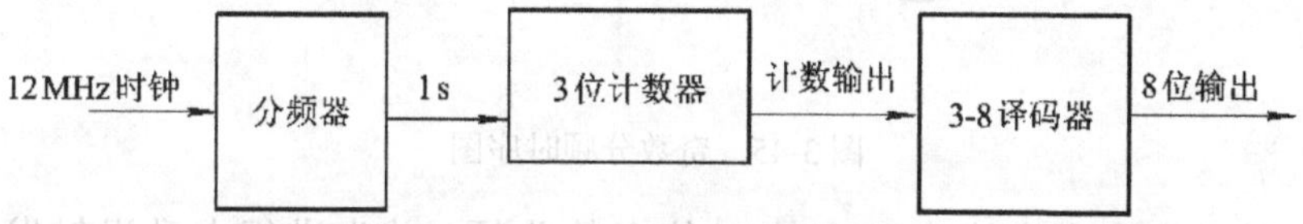

图 3-43　LED 流水灯显示框图

分频器是 FPGA 设计中使用频率非常高的基本设计之一，一般在 FPGA 中都有集成的锁相环可以实现各种时钟的分频和倍频设计，但是通过语言设计进行时钟分频是最基本的训练，在对时钟要求不高的设计时也能节省锁相环资源。常见的时钟分频器有偶数分频器、奇数分频器等。在本节中我们将实现任意整数的分频器，分频的时钟保持 50%占空比。

1) 偶数分频

偶数分频相对简单，通过计数器计数是完全可以实现的。如果进行 N 倍偶数分频，那么通过时钟触发计数器计数，当计数器从 0 计数到$(N-1)/2$ 时，输出时钟进行翻转，以此循环下去。偶数分频时序如图 3-44 所示。

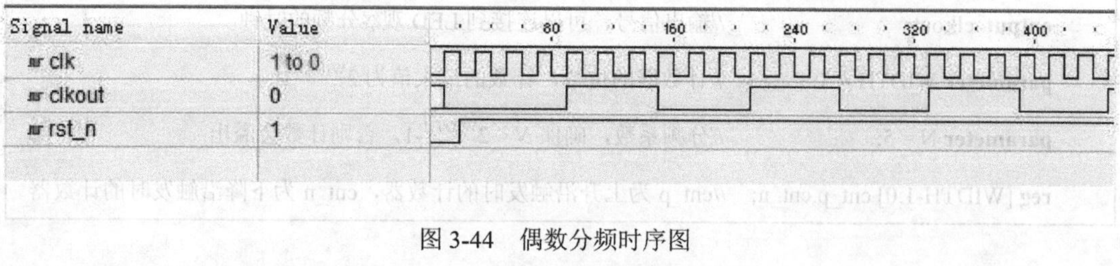

图 3-44　偶数分频时序图

2) 奇数分频

要实现占空比为 50% 的奇数分频，不能同偶数分频一样计数器计到一半的时候输出时钟翻转。以待分频时钟 clk 为例，如果以偶数分频的方法来做奇数分频，在 clk 上升沿触发，将得到不是 50% 占空比的一个时钟信号(正周期比负周期多一个时钟或者少一个时钟)；但是如果在 clk 下降沿也触发，又得到另外一个不是 50% 占空比的时钟信号，这两个时钟相位正好相差半个 clk 时钟周期，通过这两个时钟信号进行逻辑运算就可以巧妙地得到 50% 占空比的时钟。奇数分频时序如图 3-45 所示。

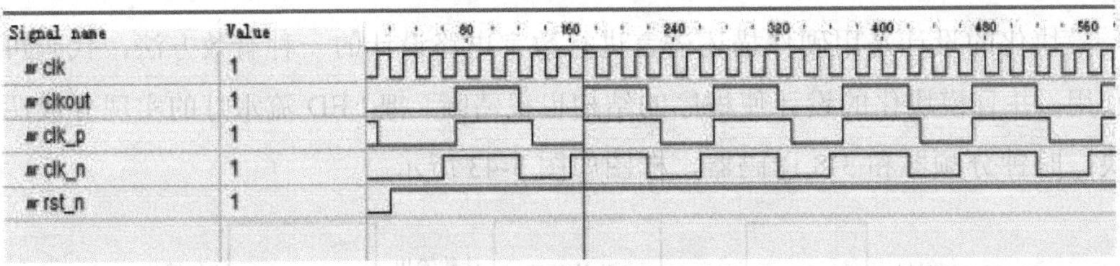

图 3-45　奇数分频时序图

总结：对于实现占空比为 50%的 N 倍奇数分频，首先进行上升沿触发的模 N 计数，计数选定到某一个值进行输出时钟翻转，然后经过$(N-1)/2$ 再次进行翻转得到一个占空比为非 50%的奇数 N 分频时钟。再同时进行下降沿触发的模 N 计数，到和上升沿触发输出时钟翻转选定值相同时，进行输出时钟翻转，同样经过$(N-1)/2$ 时，输出时钟再次翻转生成占空比为非 50%的奇数 N 分频时钟。两个占空比为非 50%的 N 分频时钟进行逻辑运算(正周期多的相与，负周期多的相或)，将得到占空比为 50%的奇数 N 分频时钟。

占空比为 50%的奇数 N 分频时钟的程序代码如下：

```
module divide (clk,rst_n,clkout);

    input clk,rst_n;                  //输入信号，其中 clk 连接到 FPGA 的 C1 脚，频率为 12 MHz
    output  clkout;                   //输出信号，可以连接到 LED 观察分频的时钟
    parameter WIDTH = 3;              //计数器的位数，计数的最大值为 2^WIDTH-1
    parameter N = 5;                  //分频系数，确保 N < 2^WIDTH-1，否则计数会溢出
    reg [WIDTH-1:0] cnt_p,cnt_n;      //cnt_p 为上升沿触发时的计数器，cnt_n 为下降沿触发时的计数器
```

```
reg clk_p,clk_n;    //clk_p 为上升沿触发时的分频时钟，clk_n 为下降沿触发时的分频时钟
always @ (posedge clk or negedge rst_n )     //上升沿触发时计数器的控制，当 clk 上升沿来临或者
rst_n 变低的时候，执行一次 always 里的语句
begin
    if(!rst_n)
        cnt_p<=0;
    else if (cnt_p==(N-1))
        cnt_p<=0;
    else cnt_p<=cnt_p+1;    //计数器一直计数，当计数到 N-1 时清零，这是一个模 N 的计数器
end
//上升沿触发的分频时钟输出，如果 N 为奇数，则得到的时钟占空比不是 50%；如果 N 为偶数，则得
到的时钟占空比为 50%
always @ (posedge clk or negedge rst_n)
begin
    if(!rst_n)
        clk_p<=0;
    else if (cnt_p<(N>>1))    //N>>1 表示右移一位，相当于除以 2，再去掉余数
        clk_p<=0;
    else
        clk_p<=1;    //得到的分频时钟正周期比负周期多一个 clk 时钟
end

always @ (negedge clk or negedge rst_n)        //下降沿触发时计数器的控制
begin
    if(!rst_n)
        cnt_n<=0;
    else if (cnt_n==(N-1))
        cnt_n<=0;
    else cnt_n<=cnt_n+1;
```

```
  end

always @ (negedge clk)      //下降沿触发的分频时钟输出，和 clk_p 相差半个时钟
begin
  if(!rst_n)
          clk_n<=0;
  else if (cnt_n<(N>>1))
          clk_n<=0;
  else
          clk_n<=1;    //得到的分频时钟正周期比负周期多一个 clk 时钟
end
assign clkout = (N==1)?clk:(N[0])?(clk_p&clk_n):clk_p;
//条件判断表达式，当 N=1 时，直接输出 clk
//当 N 为偶数，也就是 N 的最低位为 0，即 N(0)=0 时，输出 clk_p
//当 N 为奇数，也就是 N 的最低位为 1，即 N(0)=1 时，输出 clk_p&clk_n
endmodule
```

3-8 译码器真值表如图 3-46 所示。

A2	A1	A0	Y0	Y1	Y2	Y3	Y4	Y5	Y6	Y7
0	0	0	0	1	1	1	1	1	1	1
0	0	1	1	0	1	1	1	1	1	1
0	1	0	1	1	0	1	1	1	1	1
0	1	1	1	1	1	0	1	1	1	1
1	0	0	1	1	1	1	0	1	1	1
1	0	1	1	1	1	1	1	0	1	1
1	1	0	1	1	1	1	1	1	0	1
1	1	1	1	1	1	1	1	1	1	0

图 3-46　3-8 译码器真值表

从前面的内容可以知道，当 FPGA 输出信号到 LED 为高电平时，LED 熄灭；反之，LED 变亮。同时，也可以以开关的信号模拟 3-8 译码器的输入，这样通过控制开关来控制特定的 LED 变亮。

3-8 译码器的程序代码如下：

```
module decode38 (sw,led);
    input [2:0] sw;     //开关输入信号，利用了其中 3 个开关作为 3-8 译码器的输入
    output [7:0] led;       //输出信号控制特定 LED
    //定义 led 为 reg 型变量，在 always 过程块中只能对 reg 型变量赋值
    reg [7:0] led;
    //always 过程块，括号中 sw 为敏感变量，当 sw 变化一次执行一次 always 中所有语句，否则保持
不变
    always @ (sw)
    begin
        case(sw)        //case 语句，一定要跟 default 语句
        //位宽'进制+数值是 Verilog 里常数的表达方法，进制可以是 b、o、d、h（二、八、十、十六
进制）
         3'b000: led=8'b0111_1111;
         3'b001: led=8'b1011_1111;
         3'b010: led=8'b1101_1111;
         3'b011: led=8'b1110_1111;
         3'b100: led=8'b1111_0111;
         3'b101: led=8'b1111_1011;
         3'b110: led=8'b1111_1101;
         3'b111: led=8'b1111_1110;
         default: ;
       endcase
    end
endmodule
```

把占空比为 50%奇数 *N* 分频时钟的程序和 3-8 译码器的程序拷贝到一个工程，如下：

```
module flashled (clk,rst,led);
    input clk,rst;
```

```
    output [7:0] led;
      reg [2:0] cnt ;    //定义了一个 3 位的计数器，输出可以作为 3-8 译码器的输入
      wire clk1h; //定义一个中间变量，表示分频得到的时钟，用作计数器的触发
      //例化 module decode38，相当于调用
      decode38 u1 (
                      .sw(cnt),        //例化的输入端口连接到 cnt，输出端口连接到 LED
                      .led(led)
                      );
      //例化分频器模块，产生一个 1 Hz 时钟信号
      divide #(.WIDTH(32),.N(12000000)) u2 (        //传递参数
                  .clk(clk),
                  .rst_n(rst),          //例化的端口信号都连接到定义好的信号
                  .clkout(clk1h)
              );
        //1 Hz 时钟上升沿触发计数器，循环计数
        always @(posedge clk1h or negedge rst)
            if (!rst)
                cnt <= 0;
            else
                cnt <= cnt +1;
endmodule
```

综合后的 RTL 电路如图 3-47 所示。

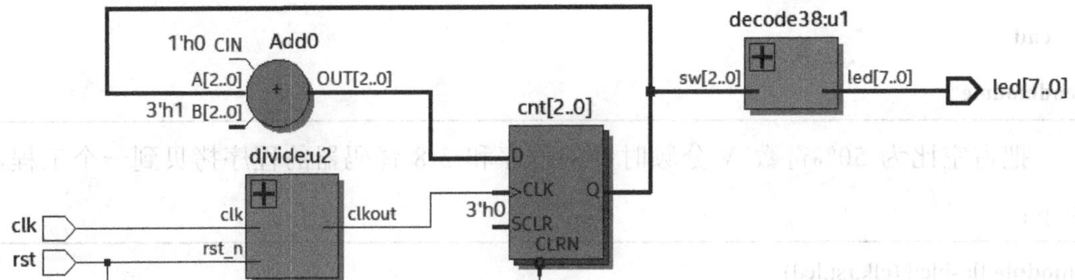

图 3-47　RTL 电路

2. 操作流程

(1) 双击打开 Quartus Prime 工具软件。

(2) 新建工程。选择菜单栏中的“File”→“New Project Wizard”，新建工程(包括工程命名、工程目录选择、设备型号选择及 EDA 工具选择)。

(3) 新建文件。选择菜单栏中的“File”→“New”→“Verilog HDL File”，键入设计代码并保存。

(4) 设计综合。双击“Tasks”窗口页面下的“Analysis&Synthesis”，对代码进行综合。

(5) 管脚约束。选择菜单栏中的“Assignments”→“Assignment Editor”，根据项目需求分配管脚，管脚分配明细如图 3-48 所示。

Node Name	Direction	Location	I/O Bank
clk	Input	PIN_J5	2
led[7]	Output	PIN_K11	5
led[6]	Output	PIN_L11	5
led[5]	Output	PIN_K12	5
led[4]	Output	PIN_L15	5
led[3]	Output	PIN_M12	5
led[2]	Output	PIN_M14	5
led[1]	Output	PIN_N14	5
led[0]	Output	PIN_N15	5
rst	Input	PIN_J9	5

图 3-48 管脚分配明细

(6) 设计编译。双击“Tasks”窗口页面下的“Compile Design”，对设计进行整体编译并生成配置文件。

(7) 程序烧录。单击“Tools”→“Programmer”打开配置工具，完成程序烧录。

(8) 观察现象。程序烧录完成后，可以通过调整分频器传递的参数来调整流水灯的速度。

3.6 按键消抖

按键是一种常用的电子开关，是电子设计中不可缺少的输入设备。在之前的内容中，学习了用按键作为 FPGA 的输入控制设备，在本节中将学习进行按键消抖，用按键完成更多的功能。通过学习用 Verilog HDL 描述时序逻辑电路，读者可理解脉冲边沿检测的原理。

1. 按键消抖原理

按键是靠内部的金属弹片来实现通断功能的。当按键按下时，开关导通；当按键松开时，开关断开。

1) 抖动的产生

通常按键所用的开关为机械弹性开关，当机械触点断开和闭合时，由于机械触点的弹性作用，按键的开关在闭合时不会立刻稳定地接通，在断开时也不会突然断开，在闭合及断开的瞬间均伴随有一连串的抖动。为了不产生这种现象而做的措施就是按键消抖。

2) 消除抖动的措施

一般采用软件方法消抖，即检测到按键按下动作之后，进行 10～20 ms 延时，当前沿的抖动消失之后再一次检测按键的状态，如果仍然是按下的电平状态，则认为这是一次真正的按键按下。如果检测到按键释放，同样也要做 10～20 ms 延时，待检测到后沿抖动消失后，则认为是一个真正的按键弹起过程。

3) 消抖的意义

执行按键消抖有两个好处：消除误触发和记录按键次数。

(1) 消除误触发。若想通过按键来翻转信号(例如按下一次 LED 亮，再按一次 LED 灭)，如果没有进行消抖，则会产生很多误触发，从而造成不必要的信号翻转。

(2) 记录按键次数。执行按键消抖可以记录按键动作的次数，在很多应用里非常重要。在点亮 LED 的例程中，我们知道了小脚丫开发板上按键的设计，当按键未被按下时，连接到 FPGA 的管脚认为是高电平；当按键被按下时，连接到 FPGA 的管脚认为是低电平。要消除按键的抖动，需要去扫描按键，也就是不断地去采集按键的状态。软件消抖时，一般只考虑消除按键按下时的抖动，而放弃对释放时抖动的消除。用系统时钟(频率较高)去采集按键状态，当检测到按下时用计数器延时 20 ms，再去检测按键状态，如果这时仍为按下状态，就确认是一次按下动作，否则认为无按键按下。

2. 脉冲边沿检测原理

检测按键状态的变化要用到脉冲边沿检测方法，捕捉信号的突变和时钟的上升下降沿等也经常会用到这种方法。简单地说，就是用一个频率更高的时钟去触发要检测的信号，用两个寄存器去储存相邻两个时钟采集到的值，然后进行异或运算，如果不为零，则代表发生了上升沿或者下降沿。

在按键消抖的过程中，同样运用了脉冲边沿检测方法。用两个寄存器储存相邻时钟采集的值(如 data_pre，data)，然后将 data 取反并与前一个值相与(state = data_pre&(~data))，如果为 1，则判断有下降沿，即按键按下由高到低；否则无变化。

将一个信号由连续时钟采集，相邻两个时钟触发的值存入两个寄存器。使用 Verilog 实现这个过程要充分了解其中的非阻塞赋值。本节主要通过按键来控制 LED 的翻转(按下一次 LED 变亮，再按下一次 LED 熄灭)。

首先做个试验，通过不做处理的按键来控制 LED 翻转。其程序代码如下：

```
module top(
    key,    //按键输入
    rst,    //复位输入
    led     //LED 输出
    );
  input key,rst;
  output reg led;
  always @(key or rst)
    if (!rst)          //复位时，LED 熄灭
      led = 1;
    else if(key == 0)
      led = ~led;    //按键按下时，LED 翻转
    else
      led = led;
endmodule
```

将未经过消抖的程序下载到小脚丫开发板上会出现按键有时不能够控制 LED 翻转的情况，这是因为按键的抖动造成了 LED 的状态变化不可控，所以必须消除抖动。下面是一种延时去抖的程序。

```
module debounce (clk,rst,key,key_pulse);
  parameter   N = 1;            //要消除的按键的数量
  input   clk;
```

```
input   rst;
input [N-1:0] key;    //输入的按键
output [N-1:0] key_pulse;  //按键动作产生的脉冲
reg   [N-1:0] key_rst_pre;  //定义一个寄存器变量，用于存储上一个触发时的按键值
reg   [N-1:0] key_rst;      //定义一个寄存器变量，用于存储当前时刻触发的按键值
wire [N-1:0] key_edge;      //检测到按键由高到低的变化时产生一个高脉冲
//利用非阻塞赋值特点，将两个时钟触发时按键的状态存储在两个寄存器变量中
always @(posedge clk or negedge rst)
    begin
        if (!rst) begin
            key_rst <= {N{1'b1}};   //初始化时，给 key_rst 赋值全为 1，{}中表示 N 个 1
            key_rst_pre <= {N{1'b1}};
        end
        else begin
            key_rst <= key;     //第一个时钟上升沿触发之后，key 的值赋给 key_rst，同时
                                  key_rst 的值赋给 key_rst_pre
            key_rst_pre <= key_rst;   //非阻塞赋值。相当于经过两个时钟触发，key_rst 存储的是
                                        当前时刻 key 的值，key_rst_pre 存储的是前一个时钟 key 的值
        end
    end
assign key_edge = key_rst_pre & (~key_rst);   //脉冲边沿检测。当 key 检测到下降沿时，key_edge
                                                产生一个时钟周期的高电平
reg [17:0] cnt;   //产生延时所用的计数器，系统时钟为 12 MHz，要延时 20 ms，至少需要 18 位计
                    数器
//产生 20 ms 延时，当检测到 key_edge 有效时，计数器清零开始计数
always @(posedge clk or negedge rst)
    begin
        if(!rst)
            cnt <= 18'h0;
```

```
        else if(key_edge)
            cnt <= 18'h0;
        else
            cnt <= cnt + 1'h1;
    end
reg [N-1:0] key_sec_pre;    //延时后检测电平寄存器变量
reg [N-1:0] key_sec;        //延时后检测 key，如果按键状态为低，则产生一个时钟周期的高脉
                              冲；如果按键状态为高，则说明按键无效
always @(posedge clk or negedge rst)
    begin
        if (!rst)
            key_sec <= {N{1'b1}};
        else if (cnt==18'h3ffff)
            key_sec <= key;
    end
always @(posedge clk or negedge rst)
    begin
        if (!rst)
            key_sec_pre <= {N{1'b1}};
        else
            key_sec_pre <= key_sec;
    end
assign key_pulse = key_sec_pre & (~key_sec);
endmodule
```

以上就是一个 N 位按键的消抖程序，如果有按键按下，则会输出一个时钟周期的高脉冲。

下面用这个按键消抖的输出来触发 LED 的显示，即通过按键翻转 LED(按下一次 LED 变亮，再按下一次 LED 熄灭)。

下面的程序是例化调用 debounce 模块来控制 LED。

```
module top (clk,rst,key,led);
    input   clk;
    input   rst;
    input   key;
    output reg   led;
    wire    key_pulse;  //当按键按下时，产生一个高脉冲，翻转一次 LED
    always @(posedge clk or negedge rst)
        begin
          if (!rst)
            led <= 1'b1;
          else if (key_pulse)
            led <= ~led;
          else
            led <= led;
        end
    //例化消抖 module，这里没有传递参数 N，采用了默认 N = 1
    debounce u1 (
                .clk (clk),
                .rst (rst),
                .key (key),
                .key_pulse (key_pulse)
                );
endmodule
```

综合后的 RTL 电路如图 3-49 所示。

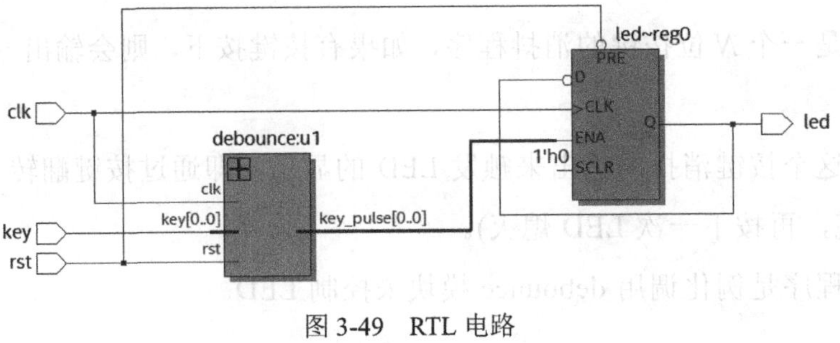

图 3-49　RTL 电路

3. 操作流程

(1) 双击打开 Quartus Prime 工具软件。

(2) 新建工程。选择菜单栏中的“File”→“New Project Wizard”，新建工程(包括工程命名、工程目录选择、设备型号选择和 EDA 工具选择)。

(3) 新建文件。选择菜单栏中的“File”→“New”→“Verilog HDL File”，键入设计代码并保存。

(4) 设计综合。双击“Tasks”窗口页面下的“Analysis & Synthesis”，对代码进行综合。

(5) 管脚约束。选择菜单栏中的“Assignments”→“Assignment Editor”，根据项目需求分配管脚，管脚分配明细如图 3-50 所示。

Node Name	Direction	Location	I/O Bank
in clk	Input	PIN_J5	2
in key	Input	PIN_K14	5
out led	Output	PIN_N15	5
in rst	Input	PIN_J9	5

图 3-50　管脚分配明细

(6) 设计编译。双击“Tasks”窗口页面下的“Compile Design”，对设计进行整体编译并生成配置文件。

(7) 程序烧录。单击菜单栏中的“Tools”→“Programmer”打开配置工具，进行程序烧录。

(8) 观察现象。程序烧录完成后，通过按键就可以翻转 LED，也可以定义多个按键控制多个 LED，还可以与不加按键消抖情况下的效果进行对比。

3.7　利用脉宽调制技术实现呼吸灯

脉冲发生与控制电路是数字电路里的常见电路，是一种基本的时序逻辑电路。PWM(Pulse Width Modulation)控制就是脉宽调制技术，即通过对一系列脉冲的宽度进行调制，来等效地获得所需要的波形。PWM 技术在自动控制和电力电子领域中都有广泛的应用。通过本节的学习，读者可掌握使用 Verilog HDL 基于 FPGA 实现脉冲发生和 PWM(脉宽调制)的原理及实现方法。

1. 实现呼吸灯的原理

呼吸灯的设计较为简单，使用 12 MHz 的系统时钟为高频信号做分频处理，调整占空比实现 PWM，通过 LED 显示输出状态，如图 3-51 所示。

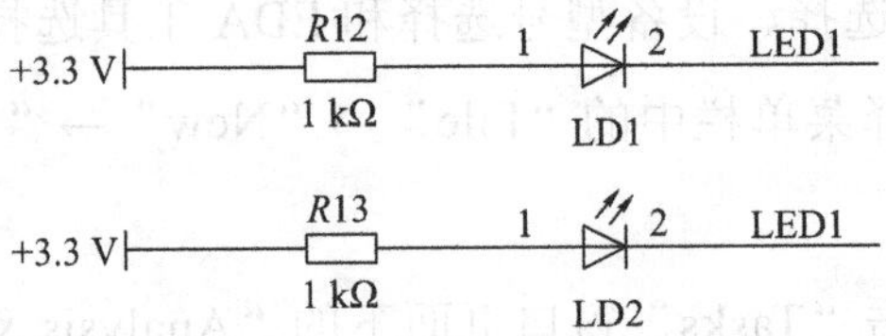

图 3-51　LED 显示输出状态

脉宽调制原理如图 3-51 所示，脉冲信号的周期为 *T*，高电平脉冲宽度为 *t*，占空比为 *t*/*T*。为了实现 PWM，我们需要保持周期 *T* 不变，调整高电平脉冲宽度 *t* 的时间，从而改变占空比。

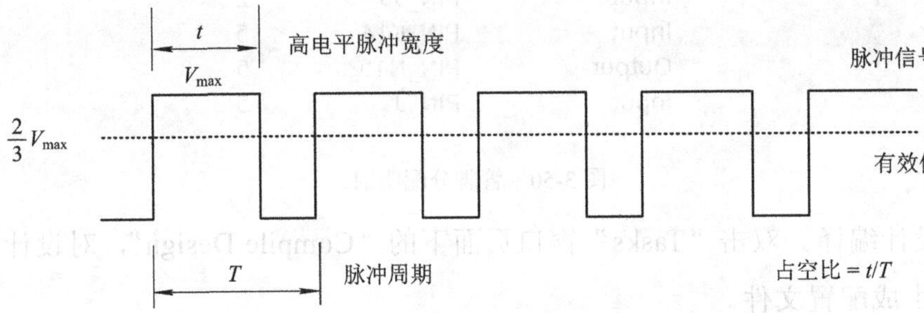

图 3-52　脉宽调制原理

当 $t = 0$ 时，占空比为 0%，因为 LED 低电平时点亮，所以此时为最亮的状态。当 $t = T$ 时，占空比为 100%，LED 为最暗(熄灭)的状态。

结合呼吸灯的原理，整个呼吸灯的周期为最亮→最暗→最亮的时间，即 *t* 的值的变化为 0→*T*→0 逐渐变化，这个时间应该为 2 s。也就是说，LED 从最亮的状态开始，第一秒时间内逐渐变暗，第二秒时间内再逐渐变亮，依次循环进行。

呼吸灯设计中需要两个计数器 cnt1 和 cnt2，cnt1 随系统时钟同步计数(系统时钟上升沿时 cnt1 自加 1)，其范围为 0～*T*；cnt2 随 cnt1 的周期同步计数(cnt1 等于 *T* 时，cnt2 自加 1)，其范围也是 0～*T*。这样每次 cnt1 在 0～*T* 计数时，cnt2 为一个固定值，相邻 cnt1 计数周期对应的 cnt2 的值逐渐增大。将 cnt1 计数 0～*T* 的时间作为脉冲周期，cnt2 的值作为脉冲宽度，则占空比为 cnt2/*T*，如图 3-53 所示。由固定晶振频率 12 MHz 可以得出：时钟周期为 1/12 000 000 Hz = 1 s，所以 1 s 对应的频率 1/12 000 000 Hz =

cnt2 × cnt1 = $T \times T$，可以得到 T 约为 3464。我们定义 CNT_NUM = 3464 作为两个计数器的计数最大值。

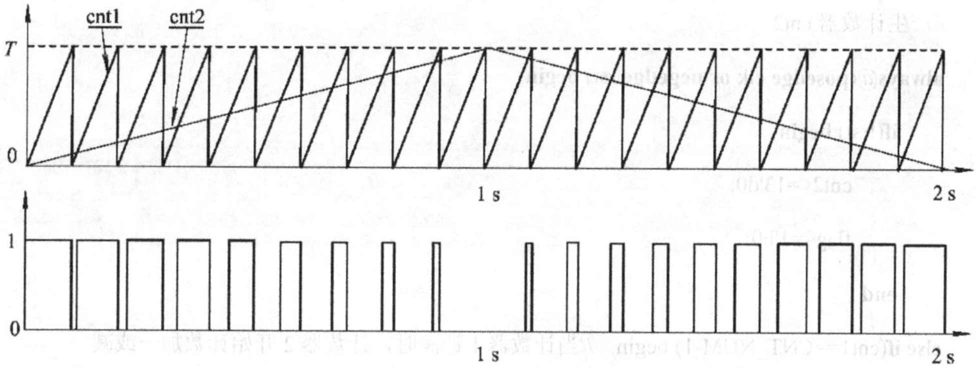

图 3-53　计数周期波形图

程序代码如下：

```
module breath_led(clk,rst,led);
    input clk;          //系统时钟输入
    input rst;          //复位输出
    output led;         //LED 输出
    reg [24:0] cnt1;    //计数器 1
    reg [24:0] cnt2;    //计数器 2
    reg flag;           //呼吸灯变亮和变暗的标志位
    parameter CNT_NUM = 3464;    //计数器的最大值 period = (3464²) × 2 = 24 000 000 = 2 s
    //产生计数器 cnt1
    always@(posedge clk or negedge rst) begin
        if(!rst) begin
            cnt1<=13'd0;
            end
        else begin
            if(cnt1>=CNT_NUM-1)
                cnt1<=1'b0;
            else
                cnt1<=cnt1+1'b1;
```

```
            end
        end
    //产生计数器 cnt2
    always@(posedge clk or negedge rst) begin
        if(!rst) begin
            cnt2<=13'd0;
            flag<=1'b0;
        end
    else if(cnt1==CNT_NUM-1) begin    //当计数器 1 计满时，计数器 2 开始计数加一或减一
        if(!flag) begin     //当标志位为 0 时，计数器 2 递增计数，表示呼吸灯效果由暗变亮
            if(cnt2>=CNT_NUM-1)   //当计数器 2 计满时，表示亮度已最大，标志位变高，之后
                                            计数器 2 开始递减
                flag<=1'b1;
            else
                cnt2<=cnt2+1'b1;
            end
        else begin   //当标志位为高时，计数器 2 递减计数
            if(cnt2<=0)   //当计数器 2 计到 0 时，表示亮度已最小，标志位变低，之后计数器 2 开始递增
            flag<=1'b0;
            else
            cnt2<=cnt2-1'b1;
            end
        end
    else
    cnt2<=cnt2;     //在计数器 1 计数过程中，计数器 2 保持不变
    end
    //比较计数器 1 和计数器 2 的值，产生自动调整占空比输出的信号，输出到 LED，产生呼吸灯效果
  assign led = (cnt1<cnt2)?1'b0:1'b1;
endmodule
```

综合后的 RTL 电路如图 3-54 所示。

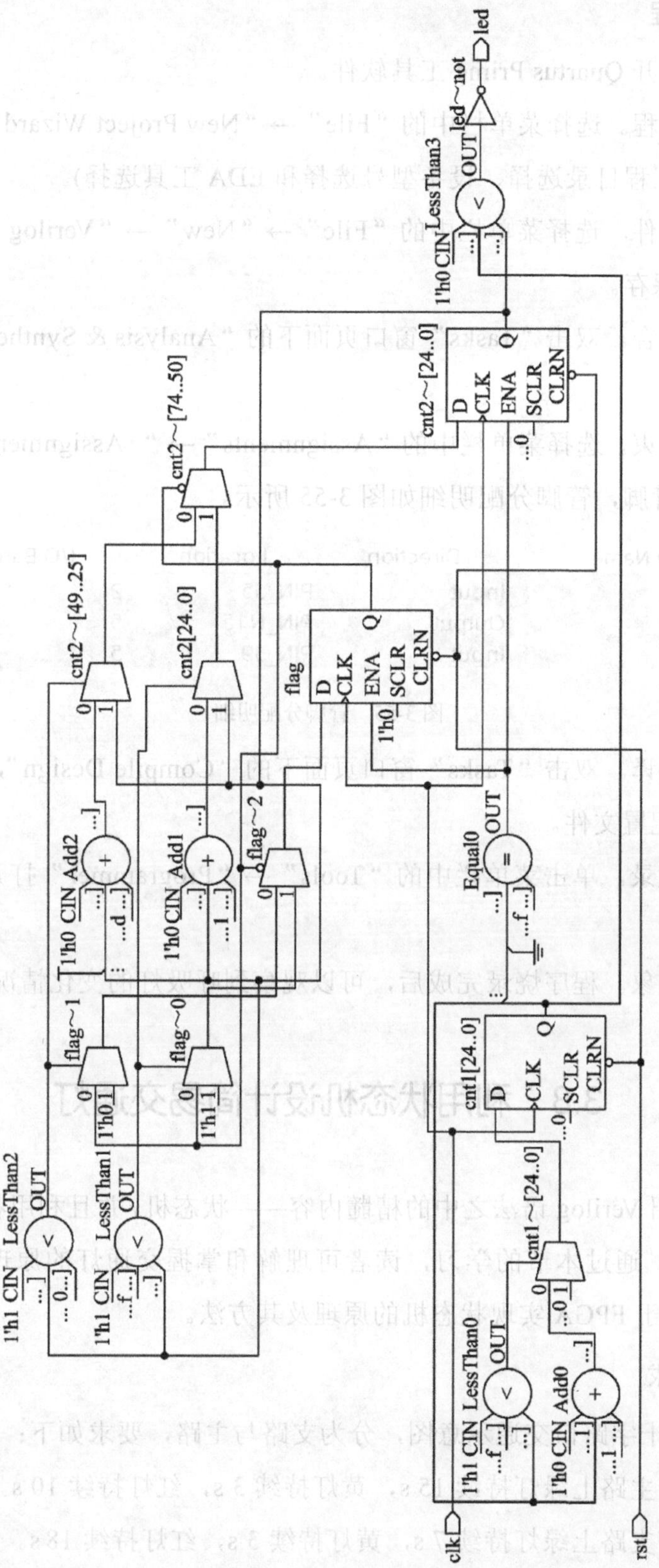

led
led~not
LessThan3
cnt2~[24..0]
cnt2~[74..50]
cnt2~[49..25]
cnt2[24..0]
flag
Equal0
Add2
Add1
flag~2
flag~1
flag~0
LessThan2
LessThan1
cnt1[24..0]
cnt1~[24..0]
LessThan0
Add0
clk
rst

图 3-54　RTL 电路

2. 操作流程

(1) 双击打开 Quartus Prime 工具软件。

(2) 新建工程。选择菜单栏中的“File”→“New Project Wizard”，新建工程(包括工程命名、工程目录选择、设备型号选择和 EDA 工具选择)。

(3) 新建文件。选择菜单栏中的“File”→“New”→“Verilog HDL File”，键入设计代码并保存。

(4) 设计综合。双击“Tasks”窗口页面下的“Analysis & Synthesis”，对代码进行综合。

(5) 管脚约束。选择菜单栏中的“Assignments”→“ Assignment Editor”，根据项目需求分配管脚，管脚分配明细如图 3-55 所示。

Node Name	Direction	Location	I/O Bank
clk	Input	PIN_J5	2
led	Output	PIN_N15	5
rst	Input	PIN_J9	5

图 3-55　管脚分配明细

(6) 设计编译。双击“Tasks”窗口页面下的“Compile Design”，对设计进行整体编译并生成配置文件。

(7) 程序烧录。单击菜单栏中的“Tools”→“Programmer”打开配置工具，进行程序烧录。

(8) 观察现象。程序烧录完成后，可以观察到呼吸灯的变化情况。

3.8　利用状态机设计简易交通灯

本节将介绍 Verilog 语法之中的精髓内容——状态机，并且利用状态机实现十字路口的交通灯。通过本节的学习，读者可理解和掌握交通灯的原理，并掌握使用 Verilog HDL 基于 FPGA 实现状态机的原理及其方法。

1. 设计要求

图 3-56 为十字路口交通示意图，分为支路与主路，要求如下：

(1) 交通灯主路上绿灯持续 15 s，黄灯持续 3 s，红灯持续 10 s。

(2) 交通灯支路上绿灯持续 7 s，黄灯持续 3 s，红灯持续 18 s。

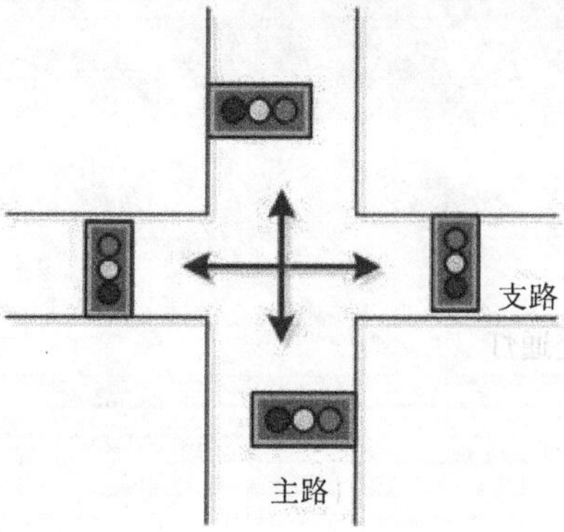

图 3-56 十字路口交通示意图

根据上述要求，状态机设计框架如图 3-57 所示，分析如下：

S1：主路绿灯点亮，支路红灯点亮，持续 15 s。

S2：主路黄灯点亮，支路红灯点亮，持续 3 s。

S3：主路红灯点亮，支路绿灯点亮，持续 7 s。

S4：主路红灯点亮，支路黄灯点亮，持续 3 s。

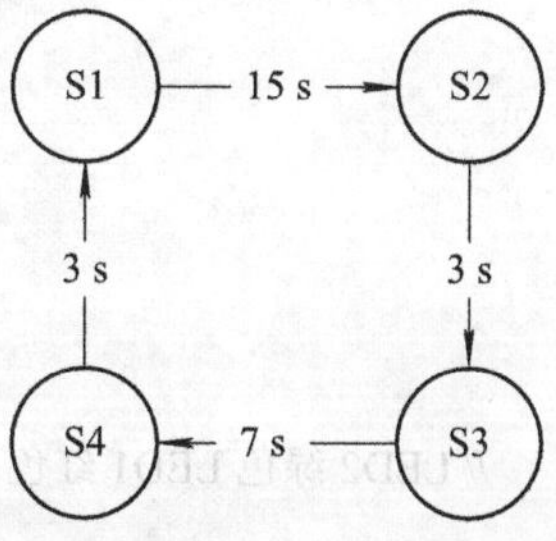

图 3-57 状态机设计框图

时间流程如图 3-58 所示。

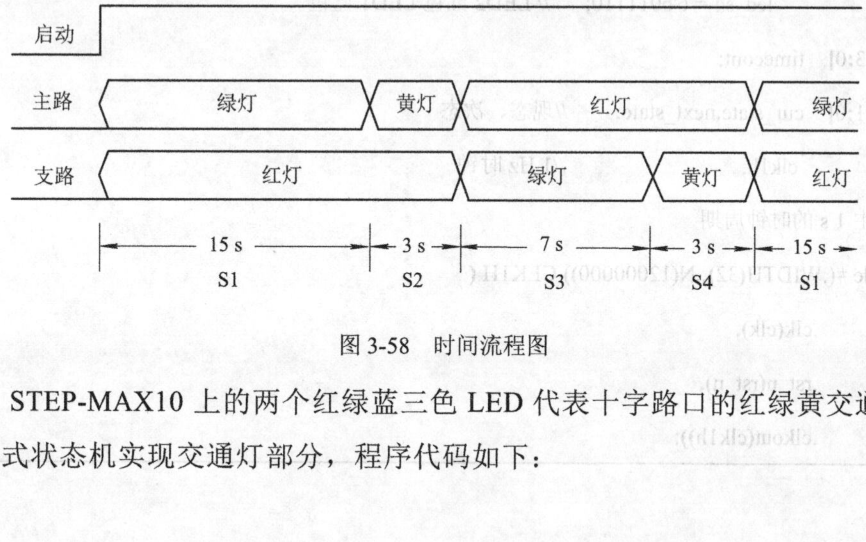

图 3-58 时间流程图

以 STEP-MAX10 上的两个红绿蓝三色 LED 代表十字路口的红绿黄交通灯。利用三段式状态机实现交通灯部分，程序代码如下：

```
module traffic
(
    clk ,       //时钟
    rst_n ,     //复位
    out         //三色 LED 代表交通灯
);
    input clk,rst_n;
    output reg[5:0] out;
    parameter   S1 = 4'b00,         //状态机状态编码
                S2 = 4'b01,
                S3 = 4'b10,
                S4 = 4'b11;
    parameter   time_s1 = 4'd15,        //计时参数
                time_s2 = 4'd3,
                time_s3 = 4'd7,
                time_s4 = 4'd3;
    //交通灯的控制
    parameter   led_s1 = 6'b101011,   // LED2 绿色 LED1 红色
                led_s2 = 6'b110011,   // LED2 蓝色 LED1 红色
                led_s3 = 6'b011101,   // LED2 红色 LED1 绿色
                led_s4 = 6'b011110;   // LED2 红色 LED1 蓝色
    reg [3:0]   timecont;
    reg [1:0]   cur_state,next_state;     //现态、次态
    wire        clk1h;                    //1 Hz 时钟
    //产生 1 s 的时钟周期
    divide #(.WIDTH(32),.N(12000000)) CLK1H (
            .clk(clk),
            .rst_n(rst_n),
            .clkout(clk1h));
```

```
//第一段：同步逻辑描述次态到现态的转移
always @ (posedge clk1h or negedge rst_n)
begin
      if(!rst_n)
            cur_state <= S1;
      else
            cur_state <= next_state;
  end
  //第二段：组合逻辑描述状态转移的判断
  always @ (cur_state or rst_n or timecont)
  begin
      if(!rst_n) begin
            next_state = S1;
            end
      else begin
            case(cur_state)
                  S1:begin
                        if(timecont==1)
                              next_state = S2;
                        else
                              next_state = S1;
                  end
                  S2:begin
                        if(timecont==1)
                              next_state = S3;
                        else
                              next_state = S2;
                  end
                  S3:begin
```

```
                if(timecont==1)
                    next_state = S4;
                else
                    next_state = S3;
            end
            S4:begin
                if(timecont==1)
                    next_state = S1;
                else
                    next_state = S4;
            end
            default: next_state = S1;
        endcase
    end
end
//第三段：同步逻辑描述次态的输出动作
always @ (posedge clk1h or negedge rst_n)
begin
    if(!rst_n==1) begin
        out <= led_s1;
        timecont <= time_s1;
        end
    else begin
        case(next_state)
            S1:begin
                out <= led_s1;
                if(timecont == 1)
                    timecont <= time_s1;
                else
                    timecont <= timecont - 1;
```

```
                end
                S2:begin
                    out <= led_s2;
                    if(timecont == 1)
                        timecont <= time_s2;
                    else
                        timecont <= timecont - 1;
                end
                S3:begin
                    out <= led_s3;
                  if(timecont == 1)
                      timecont <= time_s3;
                  else
                      timecont <= timecont - 1;
                end
                S4:begin
                    out <= led_s4;
                    if(timecont == 1)
                      timecont <= time_s4;
                    else
                      timecont <= timecont - 1;
                end
                default:begin
                    out <= led_s1;
                end
            endcase
        end
    end
endmodule
```

综合后的 RTL 电路如图 3-59 所示。

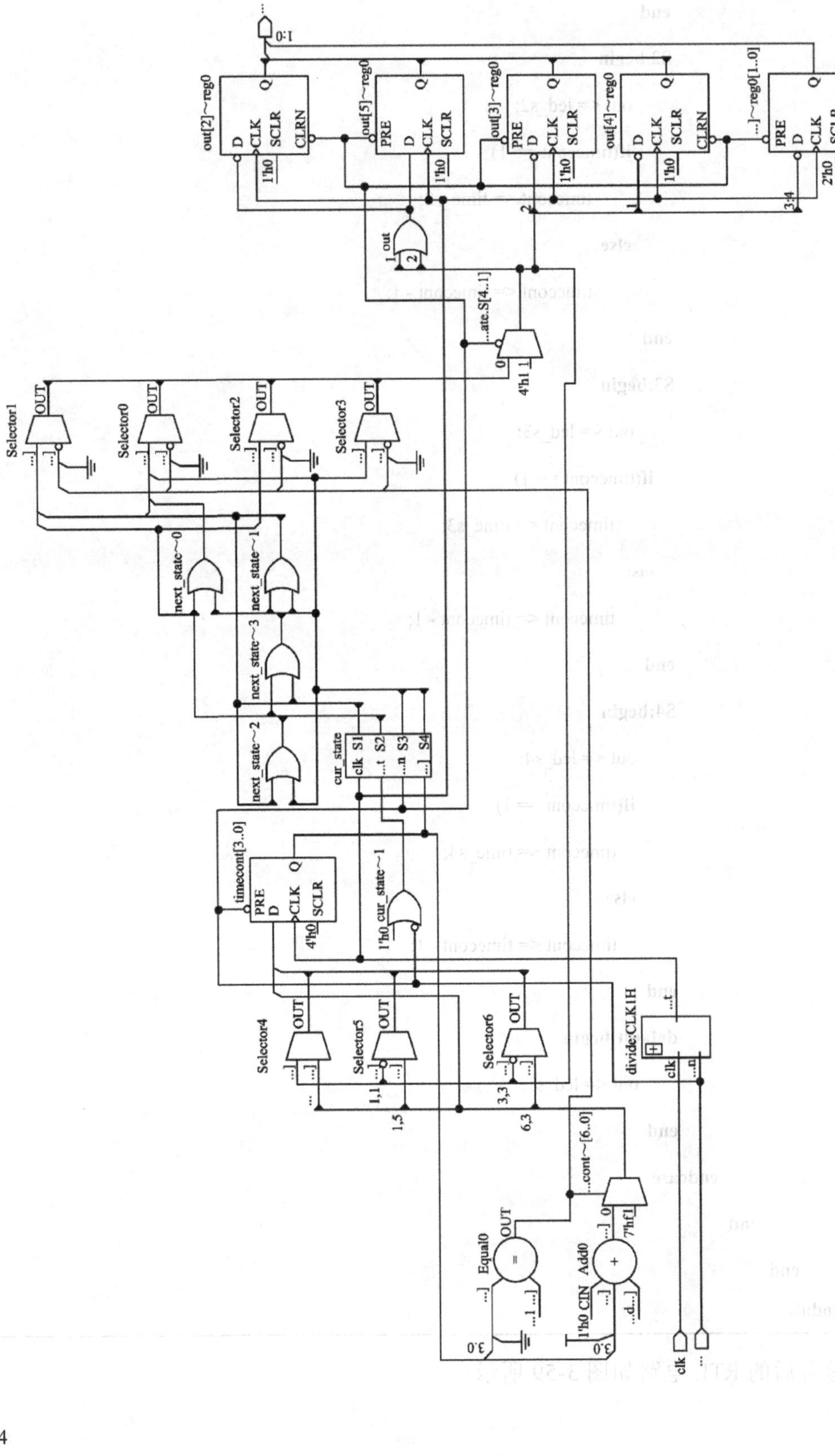
Selector1
Selector0
Selector2
Selector3
Selector4
Selector5
Selector6
next_state~0
next_state~1
next_state~2
next_state~3
cur_state
cur_state~1
timecont[3..0]
divide:CLK1H
Equal0
Add0
clk

图 3-59 RTL 电路

2. 操作流程

(1) 双击打开 Quartus Prime 工具软件。

(2) 新建工程。选择菜单中的“File”→“New Project Wizard”，新建工程(包括工程命名、工程目录选择、设备型号选择和 EDA 工具选择)。

(3) 新建文件。选择菜单中的“File”→“ New”→“Verilog HDL File”，键入设计代码并保存。

(4) 设计综合。双击“Tasks”窗口页面下的“Analysis & Synthesis”，对代码进行综合。

(5) 管脚约束。选择菜单中的“Assignments”→“Assignment Editor”，根据项目需求分配管脚，管脚分配明细如图 3-60 所示。

Node Name	Direction	Location	I/O Bank
in clk	Input	PIN_J5	2
out out[5]	Output	PIN_C15	6
out out[4]	Output	PIN_C14	6
out out[3]	Output	PIN_D12	6
out out[2]	Output	PIN_G15	6
out out[1]	Output	PIN_E15	6
out out[0]	Output	PIN_E14	6
in rst_n	Input	PIN_J9	5

图 3-60　管脚分配明细

(6) 设计编译。双击“Tasks”窗口页面下的“Compile Design”，对设计进行整体编译并生成配置文件。

(7) 程序烧录。单击“Tools”→“Programmer”，打开配置工具，进行程序烧录。

(8) 观察现象。

第 4 章 智能传感器的典型应用

智能传感器的应用是将传感器理论知识转化为创新实践能力的重要环节，也是本书的重要组成部分。本章包括矩阵键盘键入系统设计、简易电子琴设计、旋转调节系统设计、智能接近系统设计、数字温湿度计设计等 5 个设计任务，分别列举了设计任务、设计目的、设计框图、设计原理、操作流程等 5 个要素，为读者独立设计含有传感器的项目提供指导。

4.1 矩阵键盘键入系统设计

按键可以看作一种最简单的传感器，例如常见的矩阵键盘。键盘上每一个键的下面都连着金属片，与该金属片有一定空气间隙的是另一个固定的金属片，这两个金属片组成了一个小电容器。当键被按下时，小电容器的电容发生变化，与之相连的电子线路就能够检测出被按下的键，从而给出相应的信号。本节通过介绍设计矩阵键盘键入系统的方法，可让读者掌握矩阵键盘的原理及驱动设计。

1. 设计任务

任务：基于 STEP-MAX10 核心板和 STEP BaseBoard V3.0 底板，设计矩阵键盘键入系统并观察调试结果。

要求：按动矩阵键盘的按键，通过核心板上的数码管显示按键的键值。

解析：通过 FPGA 编程驱动矩阵键盘电路，从而获取矩阵键盘键入的信息，然后通过编码将键盘输出的信息译码成对应的键值信息，最后通过驱动核心板上的独立数码管，将键盘按键的键值显示在数码管上。

2. 设计目的

在本节主要学习基于 FPGA 驱动矩阵键盘的原理及设计，学习目标如下：

(1) 熟悉独立显示数码管驱动模块的应用。

(2) 熟悉状态机 FSM 的编程方法。

(3) 掌握矩阵键盘的工作原理。

(4) 完成 FPGA 驱动矩阵键盘的设计。

3. 设计框图

根据前面的解析可知，可以将该设计拆分成以下 3 个功能模块：

(1) Array_KeyBoard：通过驱动矩阵键盘工作获取键盘的操作信息数据。

(2) Decoder：通过编码方式将键盘的操作信息译码成对应的键值信息。

(3) Segment_led：通过驱动核心板独立数码管将键盘按键的键值显示在数码管上。

顶层模块 Type_system 通过实例化 3 个子模块并将对应的信号连接，最终实现矩阵键盘键入系统的总体设计。图 4-1 为 Top-Down 层次，图 4-2 为模块结构。

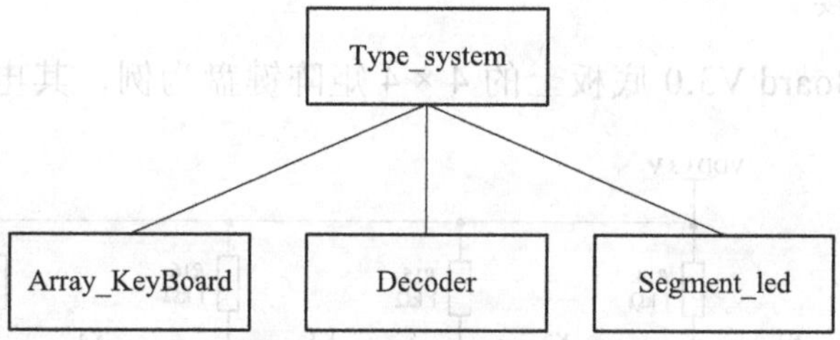

图 4-1　Top-Down 层次

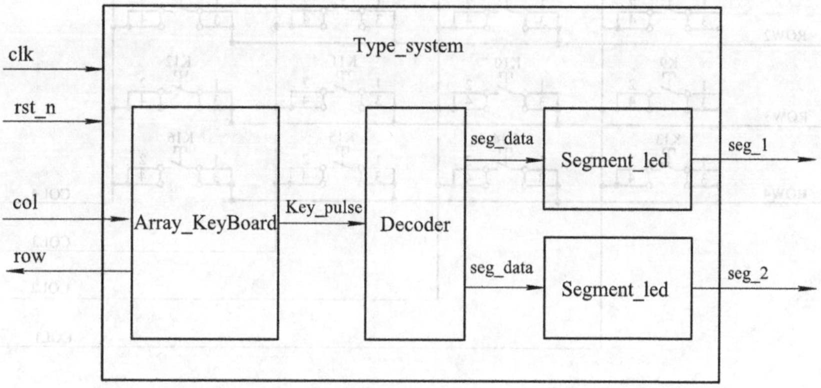

图 4-2　模块结构

4. 设计原理

1) 键盘类型

嵌入式设计中常见的键盘有独立键盘和矩阵键盘两种类型。

(1) 独立式按键。每个按键单独连接到一个 I/O 端口上，通过判断按键端口的电位识别按键的操作，编程简单，但需要较多 I/O 端口。

(2) 矩阵式按键。通过行列交叉编码连接，通过分时扫描的方法识别按键的操作，节约 I/O 端口，但编程相对复杂。

独立键盘的驱动设计比较简单，在应用基础部分已经实践过，这里主要介绍矩阵键盘的原理及驱动方法。

在键盘中按键数量较多时，为了减少 I/O 端口的占用，通常将按键排列成矩阵形式，使用行线和列线分别连接到按键开关的两端，这样就可以通过 4 根行线和 4 根列线(共 8 个 I/O 端口)连接 16 个按键，而且按键数量越多优势越明显，例如，再多加一条线就可以构成 20 键的键盘，而直接用端口线则只能多出一键。由此可见，在需要的键数比较多时，采用矩阵法来做键盘更加合适。

2) 矩阵键盘连接

以 STEP BaseBoard V3.0 底板上的 4 × 4 矩阵键盘为例，其电路如图 4-3 所示。

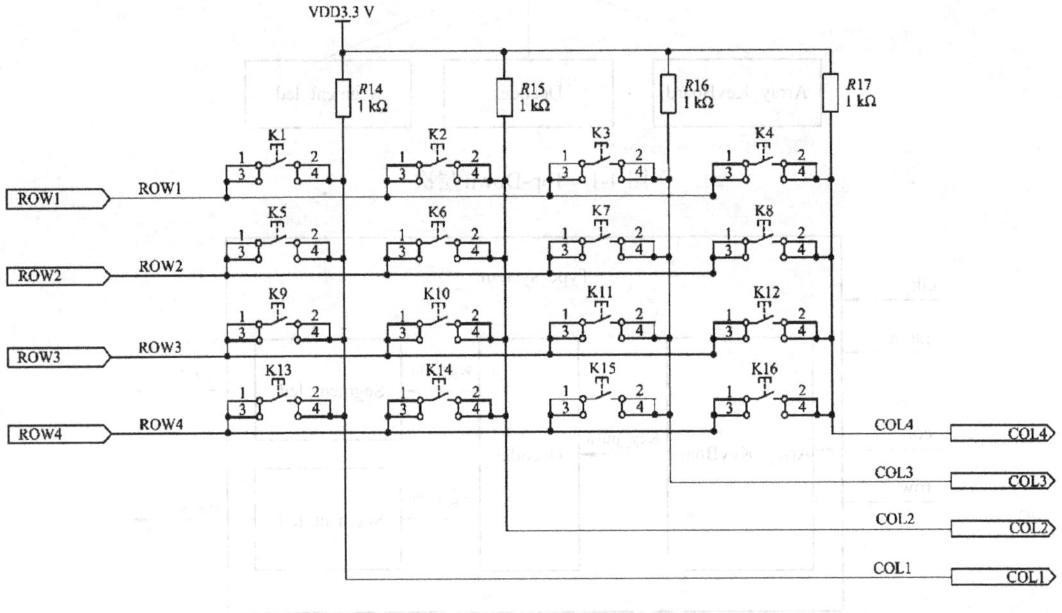

图 4-3　4 × 4 矩阵键盘电路

由图可知，4 根行线(ROW1、ROW2、ROW3、ROW4)和 4 根列线(COL1、COL2、COL3、COL4)连接到 16 个按键，同时列线通过上拉电阻连接到 VDD 电压(3.3 V)。对于矩阵按键，4 根行线是输入线，由 FPGA 控制拉高或拉低；4 根列线是输出线，由 4 根行线的输入及按键的状态决定，输出给 FPGA。

在某时刻，当 FPGA 控制的 4 根行线分别为 ROW1 = 0、ROW2 = 1、ROW3 = 1、

ROW4 = 1 时，对于 K1、K2、K3、K4 按键：按下时，对应 4 根列线输出 COL1 = 0、COL2 = 0、COL3 = 0、COL4 = 0；不按时，对应 4 根列线输出 COL1 = 1 COL2 = 1、COL3 = 1、COL4 = 1；对于 K5～K16 之间的按键：无论按下与否，对应 4 根列线输出 COL1 = 1、COL2 = 1、COL3 = 1、COL4 = 1。通过上面的描述可知，在这一时刻，只有 K1、K2、K3、K4 按键被按下时，才会导致 4 根列线输出 COL1 = 0、COL2 = 0、COL3 = 0、COL4 = 0，否则 COL1 = 1、COL2 = 1、COL3 = 1、COL4 = 1；反之，当 FPGA 检测到列线(COL1、COL2、COL3、COL4)中有低电平信号时，对应的 K1、K2、K3、K4 按键应该是被按下了。

按照扫描的方式，一共分为 4 个时刻，分别对应 4 根行线中的一根拉低，4 个时刻依次循环，这样就完成了矩阵按键的全部扫描检测。

3) 矩阵键盘驱动设计

矩阵键盘的扫描周期分为 4 个时刻，对应状态机的 4 个状态，使状态机在 4 个状态上循环跳转，最终通过扫描的方式获取矩阵键盘的操作信息。状态机的各状态逻辑如图 4-4 所示。

状态	行	列	按键
STATE0	ROW1=0 第1行输出低电平 其余为高电平	判断第1列电平：COL1==0/1	K1按下/松开
		判断第2列电平：COL2==0/1	K2按下/松开
		判断第3列电平：COL3==0/1	K3按下/松开
		判断第4列电平：COL4==0/1	K4按下/松开
STATE1	ROW2=0 第2行输出低电平 其余为高电平	判断第1列电平：COL1==0/1	K5按下/松开
		判断第2列电平：COL2==0/1	K6按下/松开
		判断第3列电平：COL3==0/1	K7按下/松开
		判断第4列电平：COL4==0/1	K8按下/松开
STATE2	ROW3=0 第3行输出低电平 其余为高电平	判断第1列电平：COL1==0/1	K9按下/松开
		判断第2列电平：COL2==0/1	K10按下/松开
		判断第3列电平：COL3==0/1	K11按下/松开
		判断第4列电平：COL4==0/1	K12按下/松开
STATE3	ROW4=0 第4行输出低电平 其余为高电平	判断第1列电平：COL1==0/1	K13按下/松开
		判断第2列电平：COL2==0/1	K14按下/松开
		判断第3列电平：COL3==0/1	K15按下/松开
		判断第4列电平：COL4==0/1	K16按下/松开

图 4-4　状态机各状态逻辑

状态机程序代码如下：

```
reg [1:0] c_state;  //状态机状态
always@(posedge clk_200hz or negedge rst_n) begin
    if(!rst_n) begin
        c_state <= STATE0;
        row <= 4'b1110;
    end else begin
        case(c_state)              //循环跳转，输出逻辑
            STATE0: begin c_state <= STATE1; row <= 4'b1101; end
            STATE1: begin c_state <= STATE2; row <= 4'b1011; end
            STATE2: begin c_state <= STATE3; row <= 4'b0111; end
            STATE3: begin c_state <= STATE0; row <= 4'b1110; end
            default:begin c_state <= STATE0; row <= 4'b1110; end
        endcase
    end
end
```

由于按键抖动的不稳定时间在 10 ms 以内，所以对同一个按键采样的周期应大于 10 ms。以 20 ms 的采样周期为例：20 ms 时间对应 4 个状态，每 5 ms 进行一次状态转换，这就是状态机循环的周期。在状态机之前增加分频模块，得到 200 Hz 的分频时钟，然后状态机按照 200 Hz 分频时钟的节拍做状态跳转和键盘采样，状态转移如图 4-5 所示。

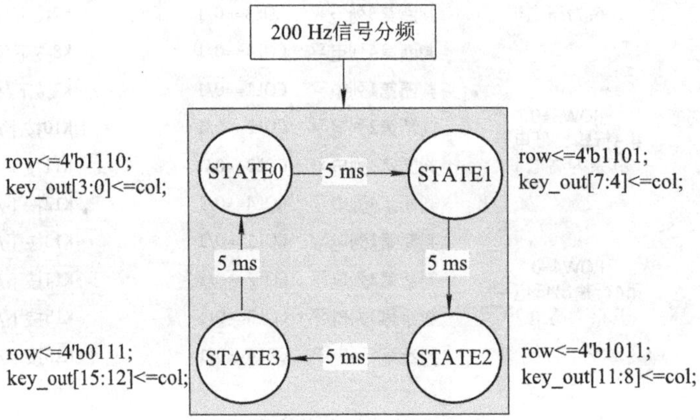

图 4-5　状态转移图

分频功能的程序代码如下：

```
Parameter      CNT_200hz = 60000;
    //count for clk_200hz，计数分频
    reg [15:0] cnt;
    reg clk_200hz;
    always@(posedge clk or negedge rst_n) begin
      if(!rst_n) begin
        cnt <= 16'd0;
        clk_200hz <= 1'b0;
      end else begin
        if(cnt >= ((CNT_200hz>>1) - 1)) begin
          cnt <= 16'd0;
          clk_200hz <= ~clk_200hz;
        end else begin
          cnt <= cnt + 1'b1;
          clk_200hz <= clk_200hz;
        end
      end
end
```

通过以上程序实现了状态机的 4 个状态循环跳转，每个状态都有对应的逻辑输出，接下来需要将矩阵键盘的输出采集回来，并以此判断键盘的操作状态。按照状态采样，4 个状态的采样数据合并后得到一个 16 位数，代表了 16 个按键的状态。

键盘采样功能的程序代码如下：

```
//通过对列接口的电平状态采样得到对应4个按键的状态，依次循环
always@(negedge clk_200hz or negedge rst_n) begin
    if(!rst_n) begin
        key_out <= 16'hffff;
    end else begin
        case(c_state)              //采集当前状态的列数据赋值给对应的寄存器位
            STATE0: key_out[ 3: 0] <= col;
```

```
                STATE1: key_out[ 7: 4] <= col;
                STATE2: key_out[11: 8] <= col;
                STATE3: key_out[15:12] <= col;
                default: key_out <= 16'hffff;
            endcase
        end
end
```

以上程序适用于大多数需要循环扫描的硬件，但是这里是在对会抖动的按键进行采样，所以还需要对采集回来的数据做一些判定。

市面上常见的按键抖动模型有 3 个参数：按下抖动 10 ms 以内、松开抖动 10 ms 以内及按键周期数百毫秒。本实验中键盘的采样周期为 20 ms，由此可得：

(1) 按键周期内至少有 4 个 FPGA 采样点同时落在按键稳定区域内。

(2) 按键周期内不会有相邻 FPGA 采样点同时落在按键抖动区域内。

(3) 如果 FPGA 连续 2 次采样为低电平即可判定按键按下，否则判定按键松开。

键盘采样判定功能程序代码如下：

```
STATE0: begin
            key[3:0] <= col;                        //矩阵键盘采样
            key_r[3:0] <= key[3:0];                 //键盘数据锁存
            key_out[3:0] <= key_r[3:0]|key[3:0];    //连续两次采样判定
end
```

将此程序代码更新到键盘采样程序中，最后 key_out 就是采样消抖后的直接输出。当按键被按下时，key_out 对应位输出低电平；当松开按键时，key_out 对应位输出高电平。

由以上程序就完成了矩阵键盘的驱动，但是 key_out 这种类型的输出有时在后级时序电路设计中不便直接使用。例如，对于当前矩阵键盘键入系统设计，需要按键按下一次(与按下保持的时间长短无关)就输入对应的键值，按键松开后键值也不能消失，这就需要一个寄存器变量来储存按过的按键键值，考虑到可能存在多个按键在极短时间内被先后按下，因此最好将按键按动这种长时间事件转化成一个瞬间的脉冲，方法就是对 key_out 信号中的每一位进行下降沿(或上升沿)检测。

下降沿检测程序代码如下：

```
Reg [15:0] key_out_r;
always @ ( posedge clk or negedge rst_n )
    if (!rst_n) key_out_r <= 16'hffff;
    else    key_out_r <= key_out;                //将前一刻的值延迟锁存
assign key_pulse= key_out_r & ( ~key_out);       //通过对前后两个时刻的值进行判断
```

经过上面程序的处理，就得到了 16 位脉冲信号，平时为低电平，当按键被按下时，脉冲输出(key_pulse)产生一个高脉冲，脉冲的宽度为模块系统时钟(clk_in)的一个周期。

4) 系统总体实现

矩阵键盘驱动模块输出的是脉冲信号，后面数码管驱动模块输入的是用 4 位位宽表示的数据，所以两个模块之间需要一个编码的功能块，主要功能是根据矩阵键盘的脉冲输出(key_pulse)判定键盘的操作，然后通过编码提供对应按键的键值数据(seg_data)，最后通过连线将键值数据连接到数码管模块的输入端口。

键值显示编码的程序代码如下：

```
reg [7:0] seg_data;                          //高 4 位代表十位，低 4 位代表个位
always@(posedge clk or negedge rst_n) begin
    if(!rst_n) begin
        seg_data <= 8'h00;
    end else begin
        case(key_pulse)                      //key_pulse 脉宽等于 clk_in 的周期
            16'h0001: seg_data <= 8'h01;     //编码
            16'h0002: seg_data <= 8'h02;
            16'h0004: seg_data <= 8'h03;
            16'h0008: seg_data <= 8'h04;
            16'h0010: seg_data <= 8'h05;
            16'h0020: seg_data <= 8'h06;
            16'h0040: seg_data <= 8'h07;
            16'h0080: seg_data <= 8'h08;
```

```
            16'h0100: seg_data <= 8'h09;
            16'h0200: seg_data <= 8'h10;
            16'h0400: seg_data <= 8'h11;
            16'h0800: seg_data <= 8'h12;
            16'h1000: seg_data <= 8'h13;
            16'h2000: seg_data <= 8'h14;
            16'h4000: seg_data <= 8'h15;
            16'h8000: seg_data <= 8'h16;
            default: seg_data <= seg_data;   //无按键按下时保持
        endcase
    end
end
```

综合后的 RTL 电路如图 4-6 所示。

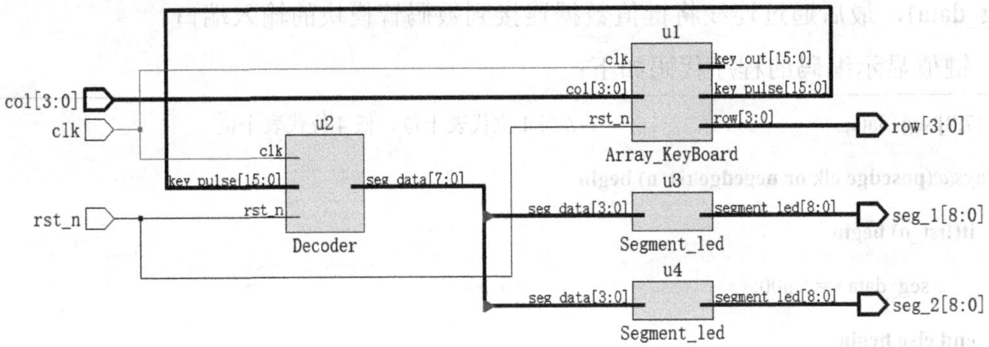

图 4-6　RTL 电路

5. 操作流程

(1) 双击打开 Quartus Prime 工具软件。

(2) 新建工程。选择菜单中的“File”→“New Project Wizard”，新建工程(包括工程命名、工程目录选择、设备型号选择和 EDA 工具选择)。

(3) 新建文件。选择菜单中的“File”→“New”→“Verilog HDL File”，键入设计代码并保存。

(4) 设计综合。双击“Tasks”窗口页面下的“Analysis & Synthesis”，对代码进行综合。

(5) 管脚约束。选择菜单中的“Assignments”→“Assignment Editor”，根据项目需求分配管脚，管脚分配明细如图 4-7 所示。

Node Name	Direction	Location	I/O Bank	VREF Group	Fitter Location	I/O Standard
clk	Input	PIN_J5	2	B2_N0	PIN_J5	3.3-V LVCMOS
col[3]	Input	PIN_P6	3	B3_N0	PIN_P6	3.3-V LVCMOS
col[2]	Input	PIN_R5	3	B3_N0	PIN_R5	3.3-V LVCMOS
col[1]	Input	PIN_L7	3	B3_N0	PIN_L7	3.3-V LVCMOS
col[0]	Input	PIN_P4	3	B3_N0	PIN_P4	3.3-V LVCMOS
row[3]	Output	PIN_R7	3	B3_N0	PIN_R7	3.3-V LVCMOS
row[2]	Output	PIN_P7	3	B3_N0	PIN_P7	3.3-V LVCMOS
row[1]	Output	PIN_P8	3	B3_N0	PIN_P8	3.3-V LVCMOS
row[0]	Output	PIN_P9	3	B3_N0	PIN_P9	3.3-V LVCMOS
rst_n	Input	PIN_J9	5	B5_N0	PIN_J9	3.3-V LVCMOS
seg_1[8]	Output	PIN_E2	1A	B1_N0	PIN_E2	3.3-V LVCMOS
seg_1[7]	Output	PIN_L1	1B	B1_N0	PIN_L1	3.3-V LVCMOS
seg_1[6]	Output	PIN_G5	1A	B1_N0	PIN_G5	3.3-V LVCMOS
seg_1[5]	Output	PIN_F5	1A	B1_N0	PIN_F5	3.3-V LVCMOS
seg_1[4]	Output	PIN_G2	1B	B1_N0	PIN_G2	3.3-V LVCMOS
seg_1[3]	Output	PIN_J2	1B	B1_N0	PIN_J2	3.3-V LVCMOS
seg_1[2]	Output	PIN_K2	1B	B1_N0	PIN_K2	3.3-V LVCMOS
seg_1[1]	Output	PIN_D2	1A	B1_N0	PIN_D2	3.3-V LVCMOS
seg_1[0]	Output	PIN_E1	1A	B1_N0	PIN_E1	3.3-V LVCMOS
seg_2[8]	Output	PIN_B1	1A	B1_N0	PIN_B1	3.3-V LVCMOS
seg_2[7]	Output	PIN_R2	2	B2_N0	PIN_R2	3.3-V LVCMOS
seg_2[6]	Output	PIN_C2	1A	B1_N0	PIN_C2	3.3-V LVCMOS
seg_2[5]	Output	PIN_C1	1A	B1_N0	PIN_C1	3.3-V LVCMOS
seg_2[4]	Output	PIN_N1	2	B2_N0	PIN_N1	3.3-V LVCMOS
seg_2[3]	Output	PIN_P1	2	B2_N0	PIN_P1	3.3-V LVCMOS
seg_2[2]	Output	PIN_P2	2	B2_N0	PIN_P2	3.3-V LVCMOS
seg_2[1]	Output	PIN_A2	8	B8_N0	PIN_A2	3.3-V LVCMOS
seg_2[0]	Output	PIN_A3	8	B8_N0	PIN_A3	3.3-V LVCMOS

图 4-7 管脚分配明细

(6) 设计编译。双击“Tasks”窗口页面下的“Compile Design”，对设计进行整体编译并生成配置文件。

(7) 程序烧录。单击“Tools”→“Programmer”，打开配置工具，进行程序烧录。

(8) 观察现象。按动矩阵键盘上的按键，核心板独立显示数码管会显示对应的键值。例如，默认显示 00，按动 K5 按键，数码管显示 05，再按动 K12 按键，数码管显示 12。

4.2 简易电子琴设计

蜂鸣器是一种一体化结构的电子讯响器，采用直流电源供电，广泛应用于计算机、打印机、复印机、报警器、电子玩具、汽车电子设备、电话机、定时器等电子产品中作发声器件。按其驱动方式不同，可分为有源蜂鸣器和无源蜂鸣器。其中，无源蜂鸣器可通过输入特定频率的信号发出各种声音，与主板相连可做成各式电子琴。本节通过介绍设计简易电子琴的方法，可让读者掌握无源蜂鸣器的驱动原理。

1. 设计任务

任务：基于 STEP-MAX10 核心板和 STEP BaseBoard V3.0 底板，完成简易电子琴设计并观察调试结果。

要求：按动矩阵键盘以驱动底板无源蜂鸣器发出不同音符，弹奏歌曲《小星星》。

解析：通过 FPGA 编程驱动矩阵键盘电路来获取矩阵键盘键入的信息，然后通过编码将键盘输出的信息译码成对应的音符数据，最后通过 PWM 发生模块驱动底板上的无源蜂鸣器发出声音。

2. 设计目的

本节主要学习无源蜂鸣器的驱动原理，同时熟悉 PWM 发生模块及矩阵键盘驱动模块的实例化应用，学习目标如下：

(1) 熟悉 PWM 信号发生驱动模块和矩阵键盘驱动模块的应用。

(2) 了解无源蜂鸣器的驱动原理及方法。

(3) 完成简易电子琴设计。

3. 设计框图

根据前面的解析可知，可以将该设计拆分成以下 2 个功能模块：

(1) Array_KeyBoard：通过驱动矩阵键盘工作获取键盘的操作信息数据。

(2) Beeper：根据键盘按键信息驱动无源蜂鸣器发出不同的音符。

顶层模块 Electric_Piano 通过实例化 2 个子模块并将对应的信号连接，最终实现简易电子琴的总体设计。而 FPGA 可以通过输出不同频率的 PWM 脉冲信号控制蜂鸣器产生不同的音符输出，所以又可以把 Beeper 模块拆分成 2 个功能模块。

① tone：通过编码方式将键盘的操作信息译码成对应的 PWM 周期信息。

② PWM：根据 PWM 周期信息产生对应的 PWM 脉冲信号。

图 4-8 为 Top-Down 层次，图 4-9 为模块结构。

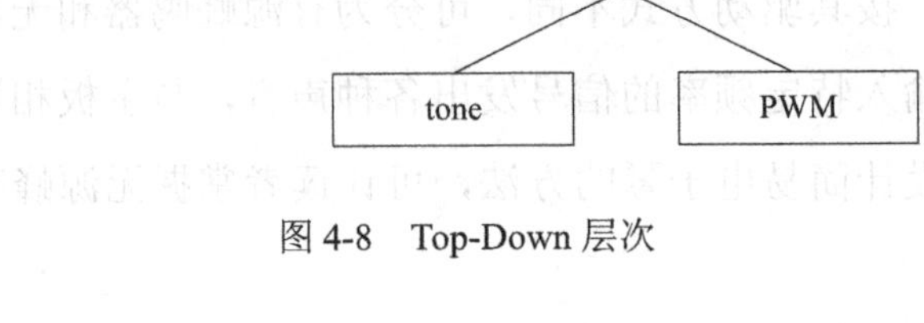

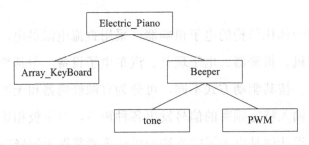

图 4-8　Top-Down 层次

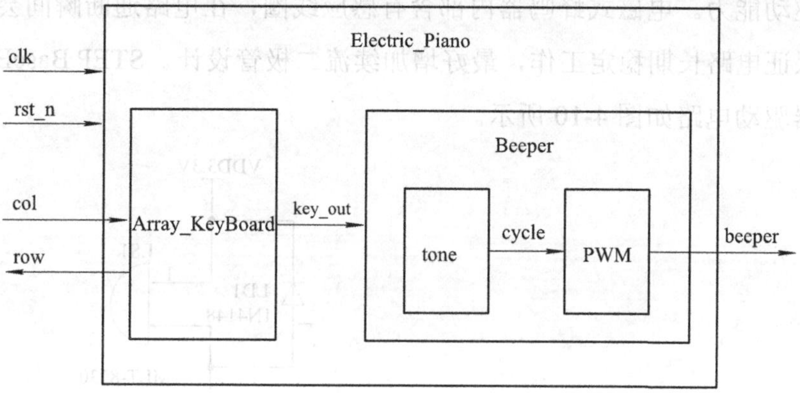

图 4-9　模块结构

4. 设计原理

1) 蜂鸣器介绍

蜂鸣器按结构主要分为电磁式蜂鸣器和压电式蜂鸣器两种类型。

电磁式蜂鸣器由振荡器、电磁线圈、磁铁、振动膜片及外壳等组成。接通电源后，振荡器产生的音频信号电流通过电磁线圈，使电磁线圈产生磁场，振动膜片在电磁线圈和磁铁的相互作用下，周期性地振动使其发出声音。

压电式蜂鸣器主要由多谐振荡器、压电蜂鸣片、阻抗匹配器及共鸣箱、外壳等组成。多谐振荡器由晶体管或集成电路构成，当接通电源(1.5～15 V 直流工作电压)后，多谐振荡器起振，输出 1.5～2.5 kHz 的音频信号，阻抗匹配器推动压电蜂鸣片发出声音。

蜂鸣器按信号源分为有源蜂鸣器和无源蜂鸣器两种类型。有源蜂鸣器只需要在其供电端加上额定直流电压，其内部的振荡器就可以产生固定频率的信号，驱动蜂鸣器发出声音。无源蜂鸣器可以理解成喇叭，需要在其供电端上加上高低不断变化的电信号才可以驱动，使其发出声音。

2) 无源蜂鸣器驱动电路

STEP BaseBoard V3.0 底板上集成的蜂鸣器为无源电磁式蜂鸣器。

无源蜂鸣器没有集成振荡器，需要外部提供振荡激励，当振荡频率不同时会发出不同的音符。对于数字系统来说，产生方波信号方便可靠，方波信号成为外部振荡激励的首选，将其输入谐振装置后，被转换为声音信号输出。电磁式蜂鸣器需要的驱动电流较高，一般单片机和 FPGA 管脚驱动能力有限，不能直接驱动，常用三极管增加驱动能力。电磁式蜂鸣器内部含有感应线圈，在电路通断瞬间会产生感应电势，为保证电路长期稳定工作，最好增加续流二极管设计。STEP BaseBoard V3.0 底板蜂鸣器驱动电路如图 4-10 所示。

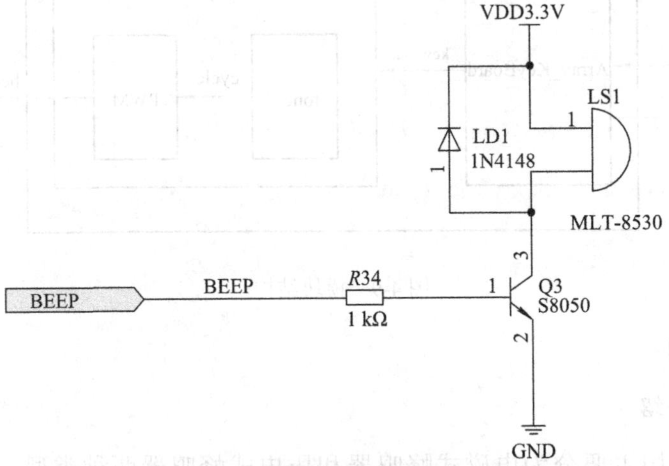

图 4-10　蜂鸣器驱动电路

注：不需要蜂鸣器工作时，控制器 BEEP 端口输出低电平，管脚配置下拉(pull down)模式。

蜂鸣器使用 NPN 三极管(S8050)驱动，三极管作为开关。当基极电压拉高时，蜂鸣器通电；当基极电压拉低时，蜂鸣器断电。FPGA 控制 GPIO(通用输入/输出)口给三极管的基极输入不同频率的脉冲信号，蜂鸣器就可以发出不同的音符。

3) 无源蜂鸣器驱动设计

前面已介绍，电磁式无源蜂鸣器需要外部提供振荡激励才可以发出声音，且振荡频率不同产生的音符也不同，不同音符与蜂鸣器振荡频率的对应关系如表 4-1 所示。

表 4-1　音符频率对照表

音符	频率/Hz	音符	频率/Hz	音符	频率/Hz
低音 1	261.6	中音 1	523.3	高音 1	1045.5
低音 2	293.7	中音 2	587.3	高音 2	1174.7
低音 3	329.6	中音 3	659.3	高音 3	1318.5
低音 4	349.2	中音 4	698.5	高音 4	1396.9
低音 5	392	中音 5	784	高音 5	1568
低音 6	440	中音 6	880	高音 6	1760
低音 7	493.9	中音 7	987.8	高音 7	1975.5

若 FPGA 要驱动蜂鸣器，就需要给蜂鸣器模块输出表 4-1 中不同频率的脉冲信号。之前，学习过 PWM 的产生原理，设计过一个 PWM 信号发生器模块，模块通过控制两个输入信号(cycle 和 duty)产生周期可控、占空比可控的脉冲信号(pwm_out)，该脉冲信号可以用来驱动无源蜂鸣器。两个输入信号如下：

(1) cycle：基于系统时钟的计数器计数终值，与产生脉冲信号的周期有关。

(2) duty：脉冲信号产生机制中的比较器阈值，与产生脉冲信号的脉宽(占空比)有关。

PWM 模块端口程序如下：

```
module PWM #
(
    parameter    WIDTH = 32  // cycle 最大值是 2 的 WIDTH 次方
)
(
    input clk,
    input rst_n,
    input [WIDTH-1:0] cycle,   //cycle > duty
    input [WIDTH-1:0] duty,    //duty < cycle
    output reg pwm_out
);
```

驱动蜂鸣器的脉冲信号对占空比没有太高的要求，此处默认产生 50%占空比的脉冲信号，所以 duty 的输入值取 cycle 值的一半。cycle 的值关乎蜂鸣器的音符，需要与表 4-1 所示的音符频率对应。例如，如果要蜂鸣器发出低音 1 的音符，脉冲信号频率控制为 261.6 Hz，系统时钟采用 12 MHz，计数器计数终值 cycle 为 12 000 000/261.6 = 45872，即当给 PWM 模块中 cycle 信号取值为 45 872 时，输出低音 1 的音符。这样将每个音符对应的 cycle 值计算出来，当按动不同按键时给 PWM 模块不同的 cycle 值就可以了。通过设计一个转码模块(tone)可将按键信息转换成 PWM 需要的 cycle 信号，矩阵键盘共有 16 个按键，只能输出 16 个音符。

PWM 周期转码的程序代码如下：

```
always@(key_in) begin
   case(key_in)
        16'h0001: cycle = 16'd45872;      //L1,
        16'h0002: cycle = 16'd40858;      //L2,
        16'h0004: cycle = 16'd36408;      //L3,
        16'h0008: cycle = 16'd34364;      //L4,
        16'h0010: cycle = 16'd30612;      //L5,
        16'h0020: cycle = 16'd27273;      //L6,
        16'h0040: cycle = 16'd24296;      //L7,
        16'h0080: cycle = 16'd22931;      //M1,
        16'h0100: cycle = 16'd20432;      //M2,
        16'h0200: cycle = 16'd18201;      //M3,
        16'h0400: cycle = 16'd17180;      //M4,
        16'h0800: cycle = 16'd15306;      //M5,
        16'h1000: cycle = 16'd13636;      //M6,
        16'h2000: cycle = 16'd12148;      //M7,
        16'h4000: cycle = 16'd11478;      //H1,
        16'h8000: cycle = 16'd10215;      //H2,
        default: cycle = 16'd0;           //cycle 为 0，PWM 占空比为 0，低电平
   endcase
end
```

在 Beeper 模块中，实例化 tone 和 PWM 模块，将 tone 的输出与 PWM 的 cycle 输入连线就实现了按键信息产生对应的音符。

当按下按键时，矩阵键盘模块会得到按键信息，根据按键信息转码得到一个 cycle 值，连线传输给 PWM 模块，产生对应频率的脉冲，然后输出对应音符；当松开按键时，同样有按键信息，对应到转码模块中得到 cycle 值为 0，连线传输给 PWM 模块，产生低电平信号，蜂鸣器不发声。这样就完成了蜂鸣器的音符驱动部分。

4) 系统总体实现

前面学习了矩阵键盘的驱动原理及方法，这里不再重复，不一样的是之前采用

矩阵键盘模块的脉冲输出(key_pulse)。本节中，简易电子琴在按键按下状态时一直发声，和按键时间的长短有关，这样就不能使用 key_pulse，而应该使用 key_out 信号。另外，key_out 按键有效输出为低电平，而 PWM 周期转码模块(tone)是高有效编码，所以在顶层模块(Electric_Piano)中，矩阵键盘(Array_KeyBoard)与蜂鸣器音节驱动模块(Beeper)之间的 key_out 连线需要做按位取反操作。

总体设计程序代码如下：

```
Array_KeyBoard u1
(
    .clk (clk),
    .rst_n (rst_n),
    .col (col),
    .row (row),
    .key_out (key_out),
    .key_pulse (key_pulse)
);

Beeper u2
(
    .clk_in (clk_in),
    .rst_n_in (rst_n_in),
    .key_out (~key_out),
    .beeper (beeper)
);
```

综合后的 RTL 电路如图 4-11 所示。

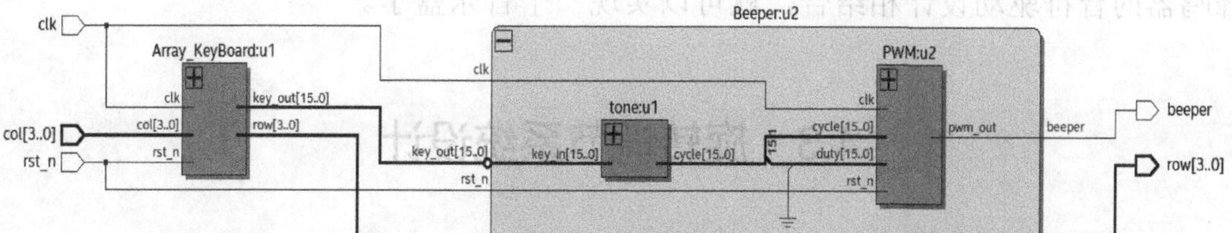

图 4-11　RTL 电路

5. 操作流程

(1) 双击打开 Quartus Prime 工具软件。

(2) 新建工程。选择菜单栏中的“File”→“New Project Wizard”，新建工程(包括工程命名、工程目录选择、设备型号选择和 EDA 工具选择)。

(3) 新建文件。选择菜单栏中的“File”→“New”→“Verilog HDL File”，键入设计代码并保存。

(4) 设计综合。双击“Tasks”窗口页面下的“Analysis & Synthesis”，对代码进行综合。

(5) 管脚约束。选择菜单栏中的“Assignments”→“Assignment Editor”，根据项目需求分配管脚，管脚分配明细如图 4-12 所示。

Node Name	Direction	Location	I/O Bank	VREF Group	Fitter Location	I/O Standard
beeper	Output	PIN_B14	8	B8_N0	PIN_B14	3.3-V LVCMOS
clk	Input	PIN_J5	2	B2_N0	PIN_J5	3.3-V LVCMOS
col[3]	Input	PIN_P6	3	B3_N0	PIN_P6	3.3-V LVCMOS
col[2]	Input	PIN_R5	3	B3_N0	PIN_R5	3.3-V LVCMOS
col[1]	Input	PIN_L7	3	B3_N0	PIN_L7	3.3-V LVCMOS
col[0]	Input	PIN_P4	3	B3_N0	PIN_P4	3.3-V LVCMOS
row[3]	Output	PIN_R7	3	B3_N0	PIN_R7	3.3-V LVCMOS
row[2]	Output	PIN_P7	3	B3_N0	PIN_P7	3.3-V LVCMOS
row[1]	Output	PIN_P8	3	B3_N0	PIN_P8	3.3-V LVCMOS
row[0]	Output	PIN_P9	3	B3_N0	PIN_P9	3.3-V LVCMOS
rst_n	Input	PIN_J9	5	B5_N0	PIN_J9	3.3-V LVCMOS

图 4-12　管脚分配明细

(6) 设计编译。双击“Tasks”窗口页面下的“Compile Design”，对设计进行整体编译并生成配置文件。

(7) 程序烧录。单击“Tools”→“Programmer”，打开配置工具，进行程序烧录。

(8) 观察现象。按动矩阵按键，听蜂鸣器发出的声音，16 个按键对应 16 个音符，按键 K1～K7 分别对应音符低音 1～7，按照《小星星》的曲谱循环弹奏：

1 1 5 5 6 6 5, 4 4 3 3 2 2 1, 5 5 4 4 3 3 2, 5 5 4 4 3 3 2

如果设计一个在状态跳转时能够产生上述的音符信息的状态机，再将状态机与蜂鸣器的音符驱动设计相结合，就可以实现一个音乐盒了。

4.3 旋转调节系统设计

旋转编码器是一种常用的传感器，它是将旋转位置或旋转量转换成模拟或数字信号的机电设备。旋转编码器多用于需要检测精确旋转位置及速度的场合，如工业控制、机器人技术、专用镜头、电脑输入设备(如鼠标和轨迹球)等。在自动化领域中，旋转编码器常用来检测角度、速度、长度、位移和加速度，编码器把实际的机械参数值转换成电气信号，这些电气信号可以被计数器、转速表、PLC(可编程控制器件)和工业 PC(控制计算机)处理。本节通过介绍设计旋转调节系统的方法，可让读者掌握旋转编码器的原理及驱动设计。

1. 设计任务

任务：基于 STEP-MAX10 核心板和 STEP BaseBoard V3.0 底板，设计旋转调节系统并观察调试结果。

要求：通过转动底板上的旋转编码器来调整核心板上数码管的数值，使其在 0～99 之间变化。右旋编码器使数值变大，左旋编码器使数值减小。

解析：通过 FPGA 编程驱动旋转编码器获取操作信息，然后根据操作信息控制变量增加或减小，最后驱动独立式数码管将变量显示出来。

2. 设计目的

本节将主要学习旋转编码器的驱动原理，并完成旋转调节系统总体设计，学习目标如下：

(1) 熟悉独立显示数码管驱动模块的应用。

(2) 掌握旋转编码器的工作原理及驱动方法。

(3) 完成旋转调节系统的总体设计。

3. 设计框图

根据前面的解析可知，可以将该设计拆分成以下 3 个功能模块：

(1) Encoder：通过驱动旋转编码器获取操作信息数据。

(2) Decoder：根据旋转编码器的操作信息控制变量在 0～99 范围内加减变化。

(3) Segment_led：通过驱动核心板独立数码管将变量数据显示在数码管上。

顶层模块 Amp_Adjust 通过实例化 3 个子模块并将对应的信号连接，最终实现旋转调节系统的总体设计。

图 4-13 为 Top-Down 层次，图 4-14 为模块结构。

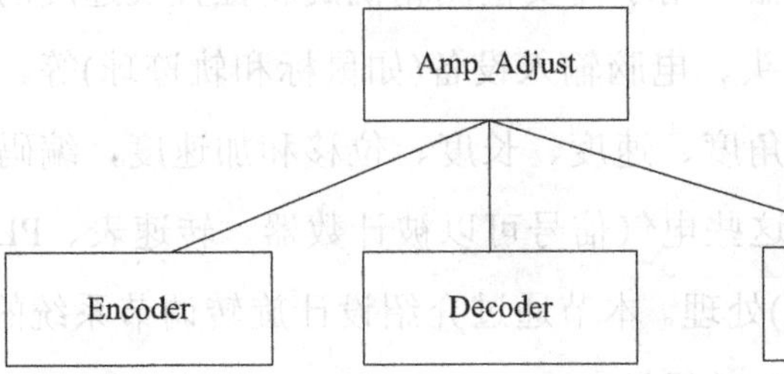

图 4-13　Top-Down 层次

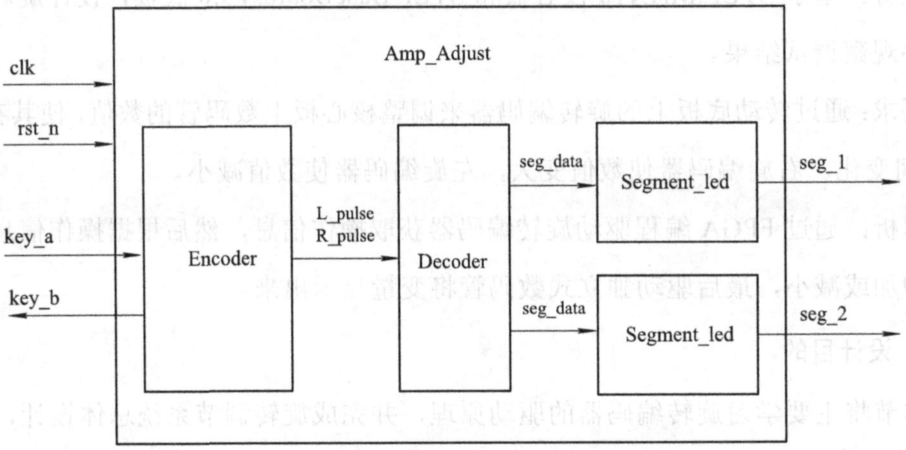

图 4-14　模块结构

4. 设计原理

1) 旋转编码器分类

旋转编码器(Rotary Encoder)也称为轴编码器，根据码盘刻孔方式不同可分为绝对式和增量式两类。

(1) 绝对式旋转编码器。它具有多个不同二进制权重的代码环，每个不同角度产生一个独特的数字代码，该代码表示编码器的绝对位置。

(2) 增量式旋转编码器。它在旋转过程中提供周期性输出，不能定位绝对位置，只能用于感知运动方向和增量。

STEP BaseBoard V3.0 底板上集成的旋转编码器是机械增量式旋转编码器。

2) 旋转编码器电路

STEP BaseBoard V3.0 底板上旋转编码器的电路如图 4-15 所示。

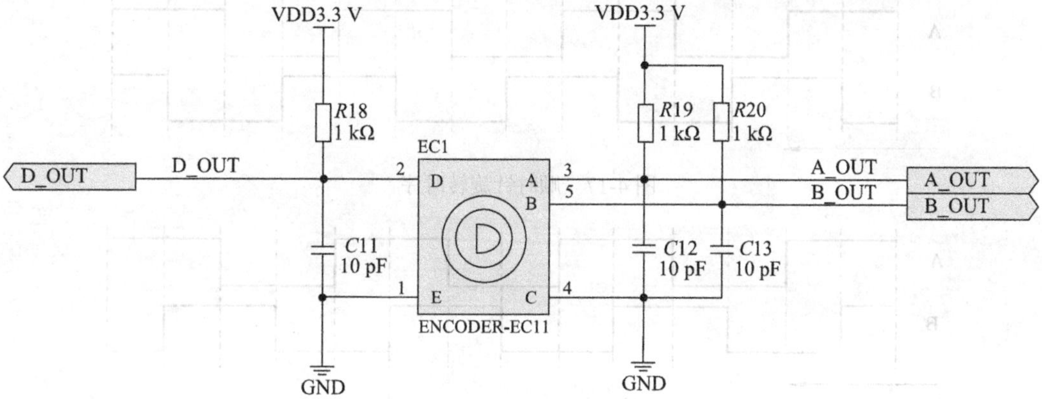

图 4-15　旋转编码器电路

电路中旋转编码器为 EC11 系列，支持按动开关，共有 5 个管脚。1、2 管脚支持按动开关，就像之前用到的独立按键连接方式。3、4、5 管脚支持旋转编码，4 脚接地为公共端，3、5 管脚分别为旋转编码器的 A、B 相输出，接上拉电阻，同时为了降低输出脉冲信号的抖动干扰，增加了电容接地做硬件去抖。

3) 旋转编码器驱动设计

机械增量式旋转编码器的原理如图 4-16 所示。

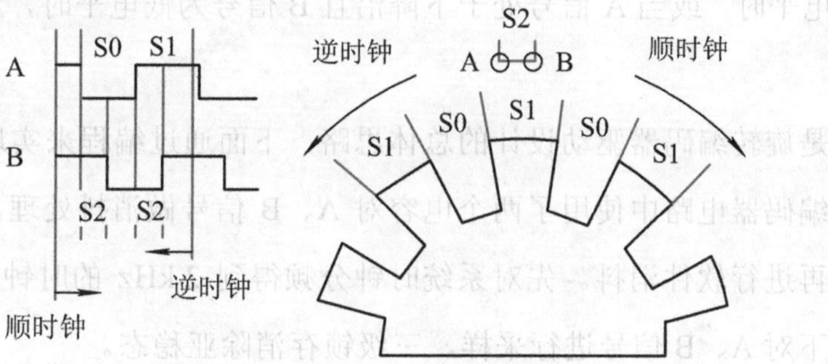

图 4-16　机械增量式旋转编码器原理示意图

中间圆形齿轮连接到旋转编码器的公共端 4 管脚，STEP BaseBoard V3.0 底板上将之接地处理。A、B 两个触点连接到旋转编码器的 A、B 相输出端的 3、5 管脚，当进行旋转操作时，A、B 触点会先后接触和错开圆形齿轮，从而导致 A、B 相输出信号产生相位不同的脉冲信号。当顺时针旋转时，A 触点超前于 B 触点接触和错开圆形齿轮，A 信号脉冲相位超前，旋转时序如图 4-17 所示。当逆时针旋转时，B 触点超前于 A 触点接触和错开圆形齿轮，B 信号脉冲相位超前，旋转时序如图 4-18 所示。

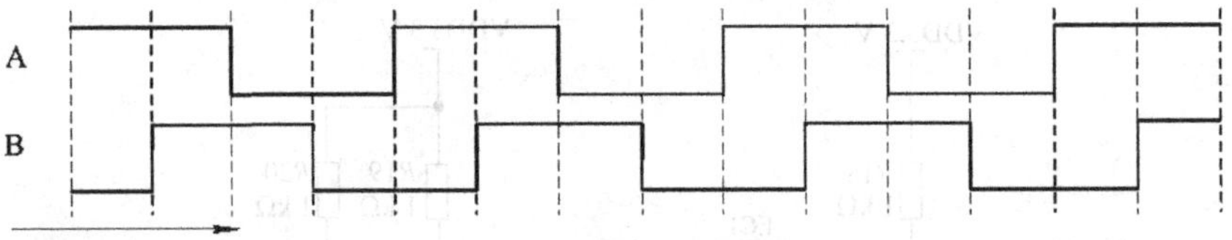

图 4-17　顺时针旋转时序

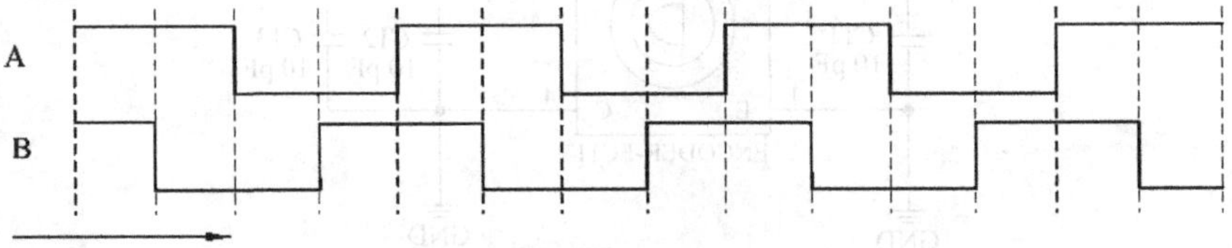

图 4-18　逆时针旋转时序

根据时序图可以看出，在旋转编码器顺时针或逆时针旋转时，因为 A 相的信号会超前或滞后 B 相的信号，所以当 FPGA 接收到旋转编码器的 A、B 信号时，可以根据 A、B 的状态组合判定编码器的旋转方向。

设计程序来对 A、B 信号进行检测，通过检测 A 信号的边沿及 B 信号的状态判定编码器的旋转方向。当 A 信号处于上升沿且 B 信号为低电平时，或当 A 信号处于下降沿且 B 信号为高电平时，当前编码器为顺时针转动；当 A 信号处于上升沿且 B 信号为高电平时，或当 A 信号处于下降沿且 B 信号为低电平时，当前编码器为逆时针转动。

以上就是旋转编码器驱动设计的总体思路，下面通过编程来实现。

在旋转编码器电路中使用了两个电容对 A、B 信号做消抖处理，为了驱动更加稳定，需要再进行软件消抖。先对系统时钟分频得到 2 kHz 的时钟，然后在 2 kHz 时钟的节拍下对 A、B 信号进行采样，三级锁存消除亚稳态。

首先，对 A 信号进行采样，程序代码如下(对 B 信号一样)：

```
reg key_a_r,key_a_r1,key_a_r2;
always@(posedge clk_500us) begin                //消除亚稳态
    key_a_r <= key_a;
    key_a_r1 <= key_a_r;
    key_a_r2 <= key_a_r1;
end
```

然后，做消抖处理，程序代码如下(对 B 信号一样)：

```
reg A_state;
always@(key_a_r1 or key_a_r2) begin                    //简单去抖动处理
    case({key_a_r1,key_a_r2})
        2'b11: A_state <= 1'b1;
        2'b00: A_state <= 1'b0;
        default: A_state <= A_state;
    endcase
end
```

检测 A 信号的边沿程序代码如下：

```
reg A_state_r,A_state_r1;
always@(posedge clk) begin                  //对 A_state 信号进行边沿检测
    A_state_r <= A_state;
    A_state_r1 <= A_state_r;
end
wire A_pos = (!A_state_r1) && A_state_r;
wire A_neg = A_state_r1 && (!A_state_r);
```

最后，根据 A 信号的边沿与 B 信号的状态组合判定旋转的信息。旋转脉冲输出的程序代码如下：

```
//当 A 的上升沿伴随 B 的高电平或当 A 的下降沿伴随 B 的低电平时，旋转编码器为向左旋转
always@(posedge clk or negedge rst_n) begin
    if(!rst_n) L_pulse <= 1'b0;
    else if((A_pos&&B_state)||(A_neg&&(!B_state))) L_pulse <= 1'b1;
    else L_pulse <= 1'b0;
end

//当 A 的上升沿伴随 B 的低电平或当 A 的下降沿伴随 B 的高电平时，旋转编码器为向右旋转
always@(posedge clk or negedge rst_n) begin
    if(!rst_n) R_pulse <= 1'b0;
    else if((A_pos&&(!B_state))||(A_neg&&B_state)) R_pulse <= 1'b1;
    else R_pulse <= 1'b0;
end
```

通过上述程序最终实现左旋右旋(逆时针和顺时针旋转)的脉冲输出，脉冲的脉宽等于系统时钟的周期。

4) 系统总体设计

前面学习了使用 FPGA 驱动独立显示数码管的原理及方法，也学习并完成了旋转编码器的驱动设计，还需要一个使旋转编码器模块的脉冲输出能控制变量在 0～99 范围内加减变化的模块。

这里需要先了解 BCD(Binary Coded Decimal)码。BCD 码是用 4 位二进制码的组合代表 1 位十进制中的 0～9 这 10 个数的码制方法，BCD 数值变化的要求是满 9 进 1。

脉冲控制变量在 0～99 范围内变化，左旋减，右旋加，程序代码如下：

```
always@(posedge clk or negedge rst_n) begin
    if(!rst_n) begin
        seg_data <= 8'h50;
    end else begin
        if(L_pulse) begin
            if(seg_data[3:0]==4'd0) begin
                seg_data[3:0] <= 4'd9;
                if(seg_data[7:4]==4'd0) seg_data[7:4] <= 4'd9;
                else seg_data[7:4] <= seg_data[7:4] - 1'b1;
            end else seg_data[3:0] <= seg_data[3:0] - 1'b1;
        end else if(R_pulse) begin
            if(seg_data[3:0]==4'd9) begin
                seg_data[3:0] <= 4'd0;
                if(seg_data[7:4]==4'd9) seg_data[7:4] <= 4'd0;
                else seg_data[7:4] <= seg_data[7:4] + 1'b1;
            end else seg_data[3:0] <= seg_data[3:0] + 1'b1;
        end else begin
            seg_data <= seg_data;
        end
    end
end
```

综合后的 RTL 电路如图 4-19 所示。

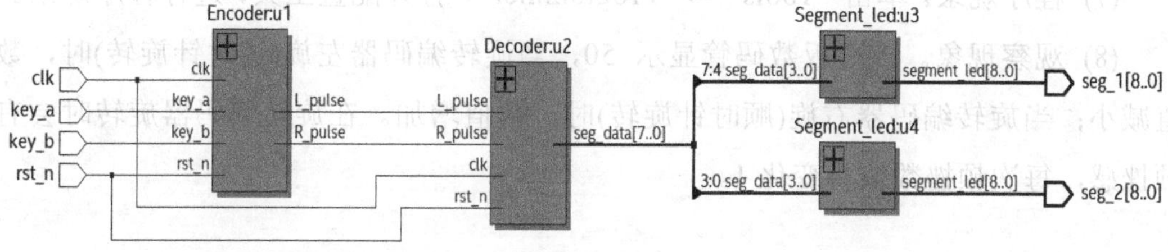

图 4-19　RTL 电路

5. 操作流程

(1) 双击打开 Quartus Prime 工具软件。

(2) 新建工程。选择菜单栏中的“File”→“New Project Wizard”，新建工程(包括工程命名、工程目录选择、设备型号选择和 EDA 工具选择)。

(3) 新建文件。选择菜单栏中的“File”→“New”→“Verilog HDL File”，键入设计代码并保存。

(4) 设计综合。双击“Tasks”窗口页面下的 Analysis & Synthesis，对代码进行综合。

(5) 管脚约束。选择菜单栏中的“Assignments”→“Assignment Editor”，根据项目需求分配管脚，管脚分配明细如图 4-20 所示。

Node Name	Direction	Location	I/O Bank	VREF Group	Fitter Location	I/O Standard
clk	Input	PIN_J5	2	B2_N0	PIN_J5	3.3-V LVCMOS
key_a	Input	PIN_M5	3	B3_N0	PIN_M5	3.3-V LVCMOS
key_b	Input	PIN_R3	3	B3_N0	PIN_R3	3.3-V LVCMOS
rst_n	Input	PIN_J9	5	B5_N0	PIN_J9	3.3-V LVCMOS
seg_1[8]	Output	PIN_E2	1A	B1_N0	PIN_E2	3.3-V LVCMOS
seg_1[7]	Output	PIN_L1	1B	B1_N0	PIN_L1	3.3-V LVCMOS
seg_1[6]	Output	PIN_G5	1A	B1_N0	PIN_G5	3.3-V LVCMOS
seg_1[5]	Output	PIN_F5	1A	B1_N0	PIN_F5	3.3-V LVCMOS
seg_1[4]	Output	PIN_G2	1B	B1_N0	PIN_G2	3.3-V LVCMOS
seg_1[3]	Output	PIN_J2	1B	B1_N0	PIN_J2	3.3-V LVCMOS
seg_1[2]	Output	PIN_K2	1B	B1_N0	PIN_K2	3.3-V LVCMOS
seg_1[1]	Output	PIN_D2	1A	B1_N0	PIN_D2	3.3-V LVCMOS
seg_1[0]	Output	PIN_E1	1A	B1_N0	PIN_E1	3.3-V LVCMOS
seg_2[8]	Output	PIN_B1	1A	B1_N0	PIN_B1	3.3-V LVCMOS
seg_2[7]	Output	PIN_R2	2	B2_N0	PIN_R2	3.3-V LVCMOS
seg_2[6]	Output	PIN_C2	1A	B1_N0	PIN_C2	3.3-V LVCMOS
seg_2[5]	Output	PIN_C1	1A	B1_N0	PIN_C1	3.3-V LVCMOS
seg_2[4]	Output	PIN_N1	2	B2_N0	PIN_N1	3.3-V LVCMOS
seg_2[3]	Output	PIN_P1	2	B2_N0	PIN_P1	3.3-V LVCMOS
seg_2[2]	Output	PIN_P2	2	B2_N0	PIN_P2	3.3-V LVCMOS
seg_2[1]	Output	PIN_A2	8	B8_N0	PIN_A2	3.3-V LVCMOS
seg_2[0]	Output	PIN_A3	8	B8_N0	PIN_A3	3.3-V LVCMOS

图 4-20　管脚分配明细

(6) 设计编译。双击“Tasks”窗口页面下的“Compile Design”，对设计进行整体编译并生成配置文件。

(7) 程序烧录。单击“Tools”→“Programmer”，打开配置工具，进行程序烧录。

(8) 观察现象。核心板数码管显示 50，当旋转编码器左旋(逆时针旋转)时，数值减小；当旋转编码器右旋(顺时针旋转)时，数值增加。在旋转编码器旋转时会有顿挫感，每次顿挫数值将变化 1。

4.4 智能接近系统设计

APDS-9901 是一款集环境亮度感测、红外 LED 和接近式检测于一身的智能传感器。其数字环境亮度和接近式传感器常用于显示管理，可以用来延长电池寿命并在不同光线条件下提供最佳可视度，是笔记本电脑、液晶显示器、平板电视机和手机的理想之选。本节通过介绍设计智能接近系统的方法，可让读者掌握接近式传感器的原理及驱动设计。

1. 设计任务

任务：基于 STEP-MAX10 核心板和 STEP BaseBoard V3.0 底板，设计智能接近系统并观察调试结果。

要求：通过驱动底板上的接近式传感器 APDS-9901 来获得接近数据，从而控制核心板上的 LED 按能量条方式点亮。

解析：通过 FPGA 编程驱动接近式传感器 APDS-9901，获取接近距离信息，然后根据距离信息编码控制 8 个 LED 按能量条方式点亮。

2. 设计目的

本节主要学习 I^2C 总线的工作原理、协议及相关知识，同时掌握 FPGA 驱动 I^2C 设备的原理及方法，以及了解输入输出型端口的模型及控制，最终完成智能接近系统的总体设计。

(1) 熟悉 I^2C 总线的工作原理及通信协议。

(2) 了解 I^2C 接口接近式传感器的 FPGA 驱动。

(3) 完成智能接近系统的设计。

3. 设计框图

根据前面的解析可知，可以将该设计拆分成以下 2 个功能模块：

(1) APDS_9901_Driver: 接近式传感器 APDS-9901 芯片 I^2C 总线通信驱动模块。

(2) Decoder：将距离信息转换成能量条数据。

图 4-21 为 Top-Down 层次，图 4-22 为模块结构。

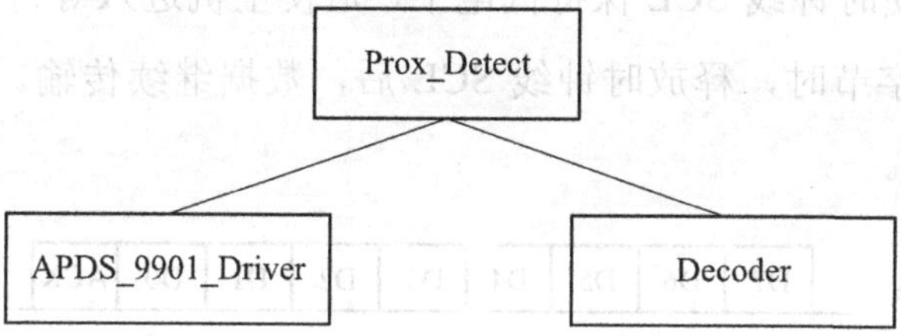

图 4-21 Top-Down 层次

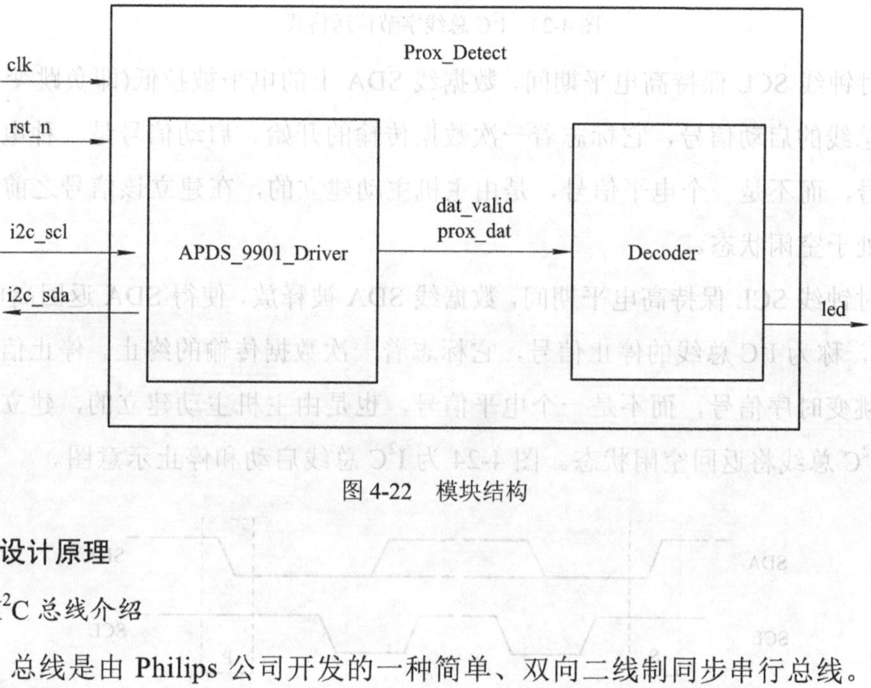

图 4-22 模块结构

4. 设计原理

1) I^2C 总线介绍

I^2C 总线是由 Philips 公司开发的一种简单、双向二线制同步串行总线。它只需要两根线(SDA、SCL)即可在连接于总线上的器件之间传送信息。

主器件用于启动总线传送数据，并产生时钟以开放传送，此时任何被寻址的器件均被认为是从器件。在总线上，主和从、发和收的关系不是恒定的，而取决于此时数据传送方向。如果主机要发送数据给从器件，则主机首先寻址从器件，然后主动发送数据至从器件，最后由主机终止数据传送；如果主机要接收从器件的数据，首先由主器件寻址从器件，然后主机接收从器件发送的数据，最后由主机终止接收过程。在这种情况下，主机负责产生定时时钟和终止数据传送。

发送到 SDA 线上的每个字节必须为 8 位，每次传输可以发送的字节数量不受限制，每个字节后必须跟一个响应位。首先传输的是数据的最高位(MSB)，如果从机要完成一些其他功能后(例如，一个内部中断服务程序)才能接收或发送下一个完整的数据字节，可以使时钟线 SCL 保持低电平，迫使主机进入等待状态。当从机准备好接收下一个数据字节时，释放时钟线 SCL 后，数据继续传输。I^2C 总线字节传送格式如图 4-23 所示。

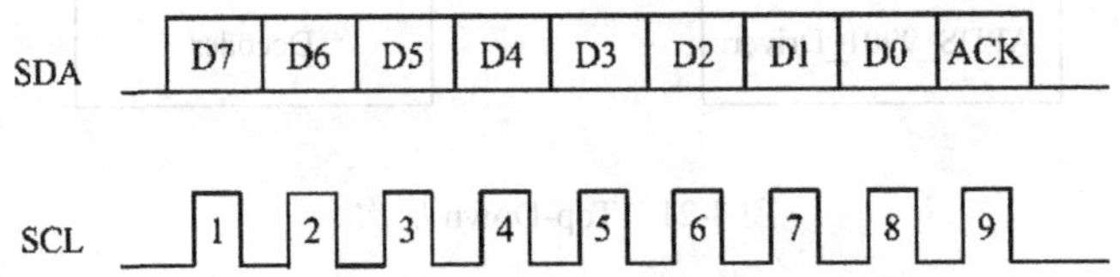

图 4-23　I^2C 总线字节传送格式

在时钟线 SCL 保持高电平期间，数据线 SDA 上的电平被拉低(即负跳变)，定义为 I^2C 总线的启动信号，它标志着一次数据传输的开始。启动信号是一种电平跳变时序信号，而不是一个电平信号，是由主机主动建立的，在建立该信号之前 I^2C 总线必须处于空闲状态。

在时钟线 SCL 保持高电平期间，数据线 SDA 被释放，使得 SDA 返回高电平(即正跳变)，称为 I^2C 总线的停止信号，它标志着一次数据传输的终止。停止信号是一种电平跳变时序信号，而不是一个电平信号，也是由主机主动建立的，建立该信号之后，I^2C 总线将返回空闲状态。图 4-24 为 I^2C 总线启动和停止示意图。

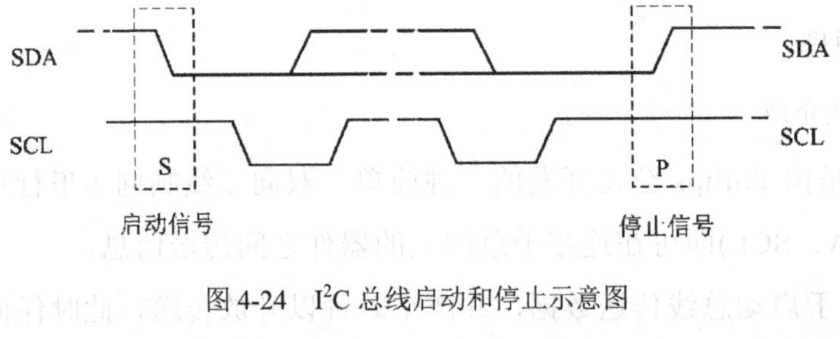

图 4-24　I^2C 总线启动和停止示意图

数据传输必须带响应，相关的响应时钟脉冲由主机产生。在响应的时钟脉冲期间，发送器释放主机 SDA 线(上拉电阻拉高)，接收器必须将从机 SDA 线拉低，使它在这个时钟脉冲的高电平期间保持稳定的低电平，这种情况下是应答；如果在这个时钟脉冲的高电平期间从机 SDA 线没有被拉低，则表示没有应答。通常被寻址的接收器在接收到每个字节后，必须产生一个应答。当从机接收器不应答时，主机产生一个停止或重复起始条件。图 4-25 为应答响应示意图。

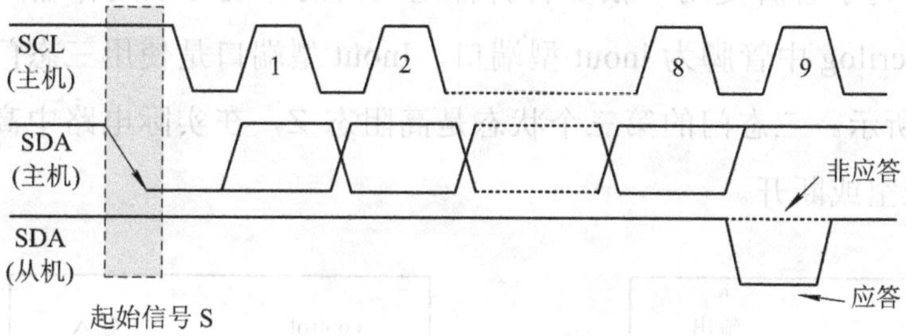

图 4-25　应答响应示意图

常见的 I^2C 总线根据传输速率的不同而有不同的模式，如标准模式(100 kb/s)和低速模式(10 kb/s)，但时钟频率可被允许下降至零，这代表可以暂停通信。而新一代的 I^2C 总线可以和更多的节点(支持 10 bit 的地址空间)以更快的速率通信：快速模式(400 kb/s)、高速模式(3.4 Mb/s)。

2) APDS-9901 模块连接

STEP BaseBoard V3.0 底板上的接近光传感器 APDS-9901 模块电路如图 4-26 所示，与 FPGA 硬件接口的有 I^2C 总线(SCL、SDA)和中断信号 INT。

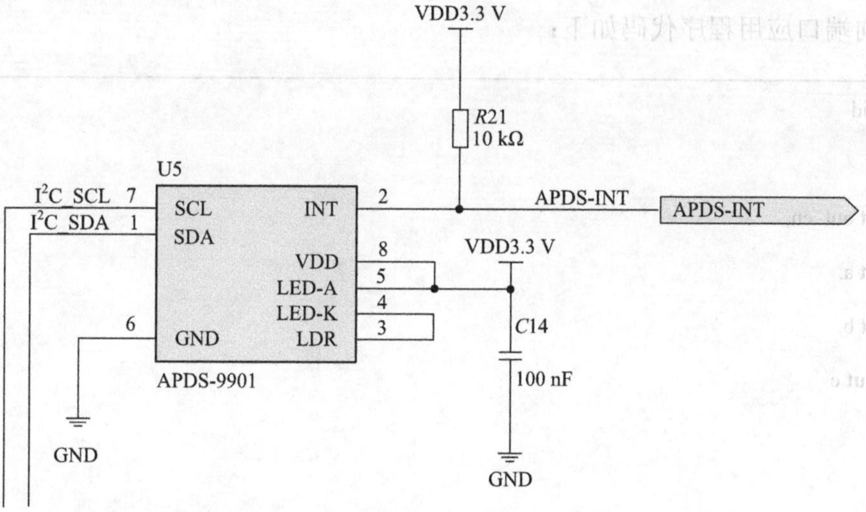

图 4-26　PDS-9901 模块电路

3) 双向端口设计

可综合 Verilog 模块设计中必须有端口存在，端口有输入(input)型、输出(output)型、双向(inout)型，对于输入和输出型端口很好理解，现在来了解一下双向端口信号的处理。

在芯片中为了管脚复用，很多管脚都是双向的，既可以用作输入，也可以用作输出。在 Verilog 中管脚为 inout 型端口。Inout 型端口是使用三态门实现的，模型如图 4-27 所示。三态门的第三个状态是高阻态 Z，在实际电路中高阻态意味着响应的管脚悬空或断开。

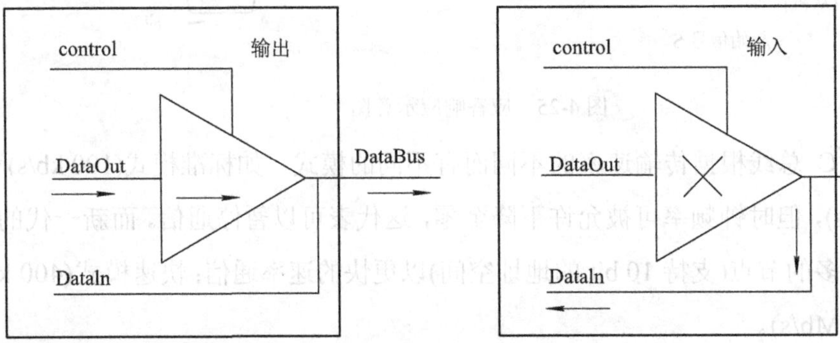

图 4-27　inout 型端口模型

当 inout 用作输出时，就像平常一样；当 inout 用作输入时，需要设为高阻态，这样其电平状态就由外部输入信号决定。

双向端口应用程序代码如下：

```
module bid
(
    input out_en,
    input a,
    inout b,
    output c
);

assign b = out_en? a : 1'bz;
assign c = b;
endmodule
```

4) APDS-9901 驱动设计

通过前面的学习，了解了整个 I^2C 总线的驱动原理，接下来根据 APDS-9901 的芯片手册了解其驱动方法及参数要点。表 4-2 为手册上的 APDS-9901 时序参数，图 4-28 为手册上的 APDS-9901 时序图。

表 4-2 APDS-9901 时序参数

参　数	符号	标准模式		快速模式		单位
		最小值	最大值	最小值	最大值	
SCL 时钟频率	f_{SCL}	0	100	0	400	kHz
保持时间；(重复)启动状态 在这个周期之后，产生第一个时钟脉冲	$t_{HD;STA}$	4.0	—	0.6	—	μs
SCL 时钟低电平	t_{LOW}	4.7	—	1.3	—	μs
SCL 时钟高电平	t_{HIGH}	4.0	—	0.6	—	μs
重新启动的建立时间	$t_{SU;STA}$	4.7	—	0.6	—	μs
数据保持时间	$t_{HD;DAT}$	0	—	0	—	ns
数据建立时间	$t_{SU;DAT}$	250		100	—	ns
SDA 和 SCL 信号的上升时间	t_R	20	1000	20	300	ns
SDA 和 SCL 信号的下降时间	t_F	20	300	20	300	ns
停止条件的建立时间	$t_{SU;STO}$	4.0	—	0.6	—	μs
停止和启动状态之间的总线空闲时间	t_{BUF}	4.7	—	1.3	—	μs
每条总线的容性负载	C_b	—	400	—	400	pF
每个连接设备的低电平噪声余量(包括迟滞)	V_{nL}	0.1VDD	—	0.1VDD	—	V
每个连接设备的高电平噪声余量(包括迟滞)	V_{nH}	0.2VDD	—	0.2VDD	—	V

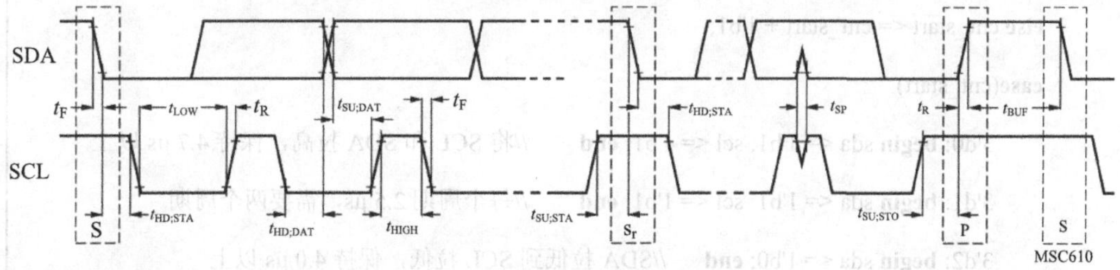

图 4-28 APDS-9901 时序图

由 APDS-9901 时序参数可知，APDS-9901 支持 I^2C 通信 400 kHz 的快速模式同时兼容 100 kHz 的标准模式，还有两种模式下时序中的各种时间参数。本节采用标准模式完成驱动设计。

首先分频得到 400 kHz 的时钟，整个设计都基于该时钟完成，程序代码如下：

```
//使用计数器分频产生 400 kHz 时钟信号 clk_400khz
reg clk_400khz;
reg [9:0] cnt_400khz;
always@(posedge clk or negedge rst_n) begin
    if(!rst_n) begin
        cnt_400khz <= 10'd0; clk_400khz <= 1'b0;
    end else if(cnt_400khz >= CNT_NUM-1) begin
        cnt_400khz <= 10'd0; clk_400khz <= ~clk_400khz;
    end else begin
        cnt_400khz <= cnt_400khz + 1'b1;
    end
end
```

I^2C 时序可以分解成基本单元(启动、停止、发送、接收、写应答、读应答)，整个 I^2C 通信都是由这些单元按照不同的顺序组合而成的。现在设计一个状态机，将这些基本单元做成状态，控制状态机的跳转就能实现 I^2C 通信时序。主机每次发送数据都要接收判断从机的响应，每次接收数据也要向从机发送响应，所以发送单元和读应答单元可以合并，接收单元和写应答单元可以合并。

启动时序状态设计程序代码如下：

```
START:begin    //I²C 通信时序中的起始 START
        if(cnt_start >= 3'd5) cnt_start <= 1'b0;            //对 START 中的子状态执行控制 cnt_start
        else cnt_start <= cnt_start + 1'b1;
        case(cnt_start)
            3'd0: begin sda <= 1'b1; scl <= 1'b1; end      //将 SCL 和 SDA 拉高，保持 4.7 μs 以上
            3'd1: begin sda <= 1'b1; scl <= 1'b1; end      //每个周期 2.5 μs，需要两个周期
            3'd2: begin sda <= 1'b0; end      //SDA 拉低到 SCL 拉低，保持 4.0 μs 以上
            3'd3: begin sda <= 1'b0; end      //每个周期 2.5 μs，需要两个周期
            3'd4: begin scl <= 1'b0; end      //SCL 拉低，保持 4.7 μs 以上
            3'd5: begin scl <= 1'b0; state <= state_back; end      //每个周期 2.5 μs，需要两个周期
```

```
        default: state <= IDLE;    //如果程序失控，则进入 IDLE 自复位状态
    endcase
end
```

发送单元和写应答单元合并，时序状态设计程序代码如下：

```
WRITE:begin    //I2C 通信时序中的写操作 WRITE 和相应判断操作 ACK
    if(cnt <= 3'd6) begin    //共需要发送 8bit 的数据，这里控制循环的次数
        if(cnt_write >= 3'd3) begin cnt_write <= 1'b0; cnt <= cnt + 1'b1; end
        else begin cnt_write <= cnt_write + 1'b1; cnt <= cnt; end
    end else begin
        if(cnt_write >= 3'd7) begin cnt_write <= 1'b0; cnt <= 1'b0; end    //复位变量
        else begin cnt_write <= cnt_write + 1'b1; cnt <= cnt; end
    end
    case(cnt_write)
        //按照 I2C 的时序传输数据
        3'd0: begin scl <= 1'b0; sda <= data_wr[7-cnt]; end    //SCL 拉低，SDA 输出
        3'd1: begin scl <= 1'b1; end    //SCL 拉高，保持 4.0 μs 以上
        3'd2: begin scl <= 1'b1; end    //每个周期 2.5 μs，需要两个周期
        3'd3: begin scl <= 1'b0; end    //SCL 拉低，准备发送下一比特位的数据
        //获取从设备的响应信号并判断
        3'd4: begin sda <= 1'bz; end    //释放 SDA 线，准备接收从设备的响应信号
        3'd5: begin scl <= 1'b1; end    //SCL 拉高，保持 4.0 μs 以上
        3'd6: begin ack_flag <= i2c_sda; end    //获取从设备的响应信号
        3'd7: begin scl <= 1'b0;
          if(ack_flag)state <= state;
          else state <= state_back; end    //SCL 拉低，如果不应答则循环写
        default: state <= IDLE;    //如果程序失控，则进入 IDLE 自复位状态
    endcase
end
```

接收单元和读应答单元合并，时序状态设计程序代码如下：

```
READ:begin   //I²C 通信时序中的读操作 READ 和返回 ACK 的操作
    if(cnt <= 3'd6) begin   //共需要接收 8bit 的数据，这里控制循环的次数
        if(cnt_read >= 3'd3) begin cnt_read <= 1'b0; cnt <= cnt + 1'b1; end
        else begin cnt_read <= cnt_read + 1'b1; cnt <= cnt; end
    end else begin
        if(cnt_read >= 3'd7) begin cnt_read <= 1'b0; cnt <= 1'b0; end   //复位变量值
        else begin cnt_read <= cnt_read + 1'b1; cnt <= cnt; end
    end
    case(cnt_read)
        //按照 I²C 的时序接收数据
        3'd0: begin scl <= 1'b0; sda <= 1'bz; end   //SCL 拉低，释放 SDA 线
        3'd1: begin scl <= 1'b1; end   //SCL 拉高，保持 4.0 μs 以上
        3'd2: begin data_r[7-cnt] <= i2c_sda; end   //读取从设备返回的数据
        3'd3: begin scl <= 1'b0; end   //SCL 拉低，准备接收下一比特位的数据
        //向从设备发送响应信号
        3'd4: begin sda <= ack; end   //发送响应信号，将前面接收的数据锁存
        3'd5: begin scl <= 1'b1; end   //SCL 拉高，保持 4.0 μs 以上
        3'd6: begin scl <= 1'b1; end   //SCL 拉高，保持 4.0 μs 以上
        3'd7: begin scl <= 1'b0; state <= state_back; end   //SCL 拉低
        default: state <= IDLE;   //如果程序失控，则进入 IDLE 自复位状态
    endcase
end
```

停止时序状态设计程序代码如下：

```
STOP:begin   //I²C 通信时序中的结束 STOP
    if(cnt_stop >= 3'd5) cnt_stop <= 1'b0;   //对 STOP 中的子状态执行控制 cnt_stop
    else cnt_stop <= cnt_stop + 1'b1;
    case(cnt_stop)
        3'd0: begin sda <= 1'b0; end   //SDA 拉低，准备 STOP
        3'd1: begin sda <= 1'b0; end   //SDA 拉低，准备 STOP
```

```
            3'd2: begin scl <= 1'b1; end   //SCL 的时序比 SDA 提前 4.0 μs 拉高
            3'd3: begin scl <= 1'b1; end   //SCL 的时序比 SDA 提前 4.0 μs 拉高
            3'd4: begin sda <= 1'b1; end   //SDA 拉高
            3'd5: begin sda <= 1'b1; state <= state_back; end   //完成 STOP 操作
            default: state <= IDLE;   //如果程序失控，则进入 IDLE 自复位状态
        endcase
    end
```

完成了基本单元的设计，接下来需要了解 APDS-9901 驱动的流程。手册上 APDS-9901 寄存器如图 4-29 所示，有的配置工作模式，有的配置功能使能，有的返回结果数据，根据需要可查看芯片手册。

地址	电阻器名称	R/W	寄存器函数	复位值
–	COMMAND	W	指定寄存器地址	0x00
0x00	ENABLE	R/W	启用状态和中断状态	0x00
0x01	ATIME	R/W	ALS ADC时间	0x00
0x02	PTIME	R/W	接近ADC时间	0xFF
0x03	WTIME	R/W	等待时间	0xFF
0x04	AILTL	R/W	ALS中断低阈值低字节	0x00
0x05	AILTH	R/W	ALS中断低阈值高字节	0x00
0x06	AIHTL	R/W	ALS中断高阈值低字节	0x00
0x07	AIHTL	R/W	ALS中断高阈值高字节	0x00
0x08	PILTL	R/W	接近中断低阈值低字节	0x00
0x09	PILTH	R/W	接近中断低阈值高字节	0x00
0x0A	PIHTL	R/W	接近中断高阈值低字节	0x00
0x0B	PIHTH	R/W	接近中断高阈值高字节	0x00
0x0C	PERS	R/W	中断持久性筛选器	0x00
0x0D	CONFIG	R/W	配置	0x00
0x0E	PPCOUNT	R/W	接近脉冲计数	0x00
0x0F	CONTROL	R/W	增益控制寄存器	0x00
0x11	REV	R	修订号	Rev
0x12	ID	R	设备ID	ID
0x13	STATUS	R	设备状态	0x00
0x14	CDATAL	R	Ch0 ADC低数据寄存器	0x00
0x15	CDATAH	R	Ch0 ADC高数据寄存器	0x00
0x16	IRDATAL	R	Ch1 ADC低数据寄存器	0x00
0x17	IRDATAH	R	Ch1 ADC高数据寄存器	0x00
0x18	PDATAL	R	接近ADC低数据寄存器	0x00
0x19	PDATAH	R	接近ADC高数据寄存器	0x00

图 4-29　APDS-9901 寄存器布局

手册给用户提供了基本功能的 C 实例代码，如下：

```
WriteRegData (0, 0);        //禁用并关闭传感器电源
WriteRegData (1, 0xff);     //设置光照度测量采样时间为 2.7 ms
WriteRegData (2, 0xff);     //设置接近距离测量所需的采样时间为 2.7 ms
WriteRegData (3, 0xff);     //设置等待时间为 2.7 ms
WriteRegData (0xe, 1);      //设置接近距离测量的最小脉冲计数
WriteRegData (0xf, 0x20);   //设置光敏二极管 CH1 的参数
WriteRegData (0,0x0f);      //启用 WEN(等待传感器使能)、PEN(接近传感器使能)、AEN(光照度传感器
                              使能)和 PON(开启传感器电源)
Wait(12);                   //等待 12 ms
CH0_data = Read_Word(0x14);
CH1_data = Read_Word(0x16);
Prox_data = Read_Word(0x18);


WriteRegData(uint8 reg, uint8 data)
{
    m_I2CBus.WriteI2C(0x39, 0x80 | reg, 1, &data);
}
uint16 Read_Word(uint8 reg)
{
    uint8 barr[2];
    m_I2CBus.ReadI2C(0x39, 0xA0 | reg, 2, ref barr);
    return (uint16)(barr[0] + 256 * barr[1]);
}
```

根据手册提供的软件操作流程，有 7 次向寄存器写入数据的操作，按照如图 4-30 所示的时序向 reg_addr 地址寄存器中写入数据 reg_data，程序代码如下：

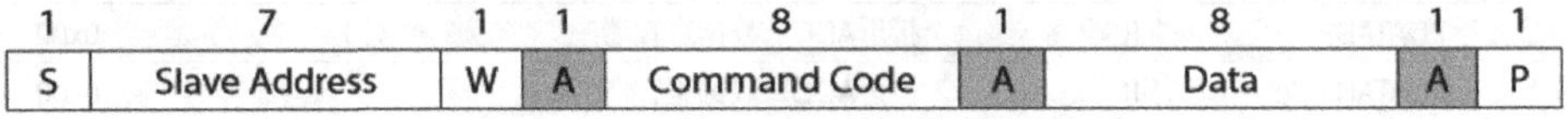

图 4-30　I^2C 写入数据时序图

```
4'd0: begin state <= START; end                          //I2C 通信时序中的 START
4'd1: begin data_wr <= dev_addr<<1; state <= WRITE; end   //设备地址
4'd2: begin data_wr <= reg_addr; state <= WRITE; end      //寄存器地址
4'd3: begin data_wr <= reg_data; state <= WRITE; end      //写入数据
4'd4: begin state <= STOP; end                           //I2C 通信时序中的 STOP
```

由于7次向寄存器写入数据的操作需要7段上面的代码，罗列起来程序不易读，所以将1次写入操作做成状态机的一个状态，这样7次向寄存器写入数据的操作只需要在这个状态上循环执行7次。单次写操作的程序代码如下：

```
MODE1:begin      //单次写操作
    if(cnt_mode1 >= 4'd5) cnt_mode1 <= 1'b0;     //对 START 中的子状态执行控制 cnt_start
    else cnt_mode1 <= cnt_mode1 + 1'b1;
    state_back <= MODE1;
    case(cnt_mode1)
        4'd0: begin state <= START; end      //I2C 通信时序中的 START
        4'd1: begin data_wr <= dev_addr<<1; state <= WRITE; end    //设备地址
        4'd2: begin data_wr <= reg_addr; state <= WRITE; end       //寄存器地址
        4'd3: begin data_wr <= reg_data; state <= WRITE; end       //写入数据
        4'd4: begin state <= STOP; end       //I2C 通信时序中的 STOP
        4'd5: begin state <= MAIN; end       //返回 MAIN
        default: state <= IDLE;    //如果程序失控，则进入 IDLE 自复位状态
    endcase
end
```

同理，两字节数据连读的操作也做成一个状态，时序如图 4-31 所示。

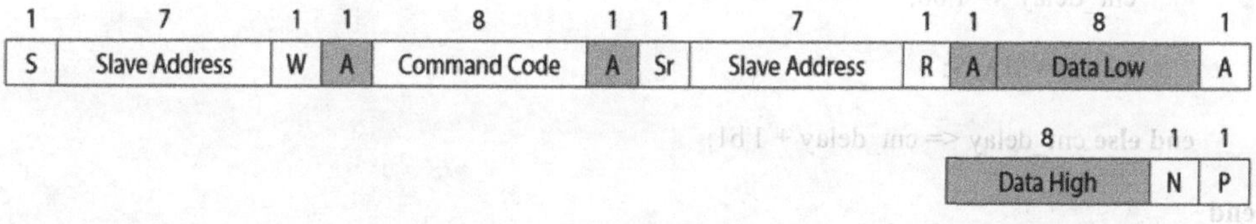

图 4-31　I^2C 连读操作时序图

两次连读操作的程序代码如下：

```
MODE2:begin        //两次读操作
    if(cnt_mode2 >= 4'd10) cnt_mode2 <= 1'b0;           //对 START 中的子状态执行控制 cnt_start
    else cnt_mode2 <= cnt_mode2 + 1'b1;
    state_back <= MODE2;
    case(cnt_mode2)
        4'd0: begin state <= START; end                    //I²C 通信时序中的 START
        4'd1: begin data_wr <= dev_addr<<1; state <= WRITE; end        //设备地址
        4'd2: begin data_wr <= reg_addr; state <= WRITE; end           //寄存器地址
        4'd3: begin state <= START; end                    //I²C 通信时序中的 START
        4'd4: begin data_wr <= (dev_addr<<1)|8'h01; state <= WRITE; end    //设备地址
        4'd5: begin ack <= ACK; state <= READ; end        //读寄存器数据
        4'd6: begin dat_l <= data_r; end
        4'd7: begin ack <= NACK; state <= READ; end       //读寄存器数据
        4'd8: begin dat_h <= data_r; end
        4'd9: begin state <= STOP; end          //I²C 通信时序中的 STOP
        4'd10: begin state <= MAIN; end      //返回 MAIN
        default: state <= IDLE;              //如果程序失控，则进入 IDLE 自复位状态
    endcase
end
```

因为用到延时，所以也将延时设计成一个状态，程序代码如下：

```
DELAY:begin        //延时模块
    if(cnt_delay >= num_delay) begin
        cnt_delay <= 1'b0;
        state <= MAIN;
    end else cnt_delay <= cnt_delay + 1'b1;
end
```

最后，通过编程来控制状态机按照驱动例程代码中的流程运行，程序代码如下：

```
4'd0: begin dev_addr<=7'h39;reg_addr<=8'h80|8'h00;reg_data<=8'h00;state<=MODE1; end
4'd1: begin dev_addr<=7'h39;reg_addr<=8'h80|8'h01;reg_data<=8'hff;state<=MODE1; end
4'd2: begin dev_addr<=7'h39;reg_addr<=8'h80|8'h02;reg_data<=8'hff;state<=MODE1; end
4'd3: begin dev_addr<=7'h39;reg_addr<=8'h80|8'h03;reg_data<=8'hff;state<=MODE1; end
4'd4: begin dev_addr<=7'h39;reg_addr<=8'h80|8'h0e;reg_data<=8'h01;state<=MODE1; end
4'd5: begin dev_addr<=7'h39;reg_addr<=8'h80|8'h0f;reg_data<=8'h20;state<=MODE1; end
4'd6: begin dev_addr<=7'h39;reg_addr<=8'h80|8'h00;reg_data<=8'h0f;state<=MODE1; end
4'd7: begin state <= DELAY; dat_valid <= 1'b0; end        //12 ms 延时
4'd8: begin dev_addr <= 7'h39; reg_addr <= 8'ha0|8'h14;state <= MODE2; end
4'd9: begin ch0_dat <= {dat_h,dat_l}; end                 //读取数据
4'd10: begin dev_addr <= 7'h39; reg_addr <= 8'ha0|8'h16;state <= MODE2; end
4'd11: begin ch1_dat <= {dat_h,dat_l}; end                //读取数据
4'd12: begin dev_addr <= 7'h39; reg_addr <= 8'ha0|8'h18;state <= MODE2; end
4'd13: begin prox_dat <= {dat_h,dat_l}; end               //读取数据
4'd14: begin dat_valid <= 1'b1; end                       //读取数据
```

5) 系统总体设计

为了保证数据有效，在程序中做了一个简单的滤波处理，将瞬间变化太大的采样数据舍弃，程序代码如下：

```
reg [15:0] prox_dat0,prox_dat1,prox_dat2;
always @(posedge dat_valid) begin
    prox_dat0 <= prox_dat;
    prox_dat1 <= prox_dat0;
    if(((prox_dat1-prox_dat0) >= 16'h200)||((prox_dat1-prox_dat0) >= 16'h200))
        prox_dat2 <= prox_dat2;
    else prox_dat2 <= prox_dat0;
end
```

传感器读取的距离信息为 16 位数据，满量程 ADC 计数(Full Scale ADC Counts)有效范围为 0～1023，对应 0 到 16'h3ff，可以设置一个阈值，当采样回来的数据与阈值作比较来控制手机屏幕的显示。本节要求用能量条的方式显示距离的远近，我

们设计一个编码器，使其用 0 到 16'h3ff 的范围控制 8 个 LED，程序代码如下：

```
always@(prox_dat2[9:7])
    case (prox_dat2[9:7])
        3'b000: Y_out = 8'b11111110;
        3'b001: Y_out = 8'b11111100;
        3'b010: Y_out = 8'b11111000;
        3'b011: Y_out = 8'b11110000;
        3'b100: Y_out = 8'b11100000;
        3'b101: Y_out = 8'b11000000;
        3'b110: Y_out = 8'b10000000;
        3'b111: Y_out = 8'b00000000;
        default: Y_out = 8'b11111111;
    endcase
```

在顶层设计中例化两个模块，并将信号连接，程序代码如下：

```
wire dat_valid;
wire [15:0] ch0_dat, ch1_dat, prox_dat;
APDS_9901_Driver u1(
        .clk  (clk),                //系统时钟
        .rst_n (rst_n),             //系统复位，低有效
        .i2c_scl (i2c_scl),         //I2C 总线 SCL
        .i2c_sda (i2c_sda),         //I2C 总线 SDA
        .dat_valid (dat_valid),     //数据有效脉冲
        .ch0_dat (ch0_dat),         //ALS 数据
        .ch1_dat (ch1_dat),         //IR 数据
        .prox_dat (prox_dat),       //Prox 数据
        );

Decoder u2(
        .dat_valid          (dat_valid          ),
```

```
    .prox_dat (prox_dat),
    .Y_out(led)
    );
```

综合后的 RTL 电路如图 4-32 所示。

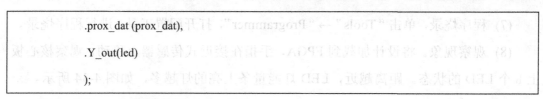

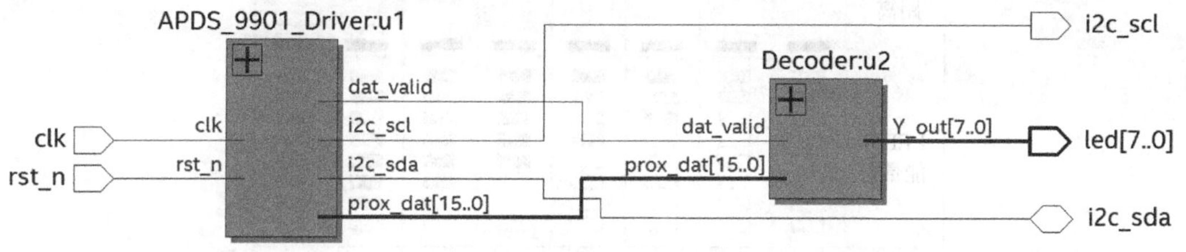

图 4-32　RTL 电路

5. 操作流程

(1) 双击打开 Quartus Prime 工具软件。

(2) 新建工程。选择菜单栏中的“File”→“New Project Wizard”，新建工程(包括工程命名、工程目录选择、设备型号选择和 EDA 工具选择)。

(3) 新建文件。选择菜单栏中的“File”→“New”→“Verilog HDL File”，键入设计代码并保存。

(4) 设计综合。双击“Tasks”窗口页面下的“Analysis & Synthesis”，对代码进行综合。

(5) 管脚约束。选择菜单栏中的“Assignments”→“Assignment Editor”，根据项目需求分配管脚，管脚分配明细如图 4-33 所示。

Node Name	Direction	Location	I/O Bank	VREF Group	Fitter Location	I/O Standard
clk	Input	PIN_J5	2	B2_N0	PIN_J5	3.3-V LVCMOS
i2c_scl	Output	PIN_M4	3	B3_N0	PIN_M4	3.3-V LVCMOS
i2c_sda	Bidir	PIN_P3	3	B3_N0	PIN_P3	3.3-V LVCMOS
led[7]	Output	PIN_N15	5	B5_N0	PIN_N15	3.3-V LVCMOS
led[6]	Output	PIN_N14	5	B5_N0	PIN_N14	3.3-V LVCMOS
led[5]	Output	PIN_M14	5	B5_N0	PIN_M14	3.3-V LVCMOS
led[4]	Output	PIN_M12	5	B5_N0	PIN_M12	3.3-V LVCMOS
led[3]	Output	PIN_L15	5	B5_N0	PIN_L15	3.3-V LVCMOS
led[2]	Output	PIN_K12	5	B5_N0	PIN_K12	3.3-V LVCMOS
led[1]	Output	PIN_L11	5	B5_N0	PIN_L11	3.3-V LVCMOS
led[0]	Output	PIN_K11	5	B5_N0	PIN_K11	3.3-V LVCMOS
rst_n	Input	PIN_J9	5	B5_N0	PIN_J9	3.3-V LVCMOS

图 4-33　管脚分配明细

(6) 设计编译。双击“Tasks”窗口页面下的“Compile Design”，对设计进行整体编译并生成配置文件。

(7) 程序烧录。单击“Tools”→“Programmer”，打开配置工具，进行程序烧录。

(8) 观察现象。将设计加载到 FPGA，手指在接近式传感器上移动，观察核心板上 8 个 LED 的状态。距离越近，LED 灯能量条上亮的灯越多，如图 4-34 所示。

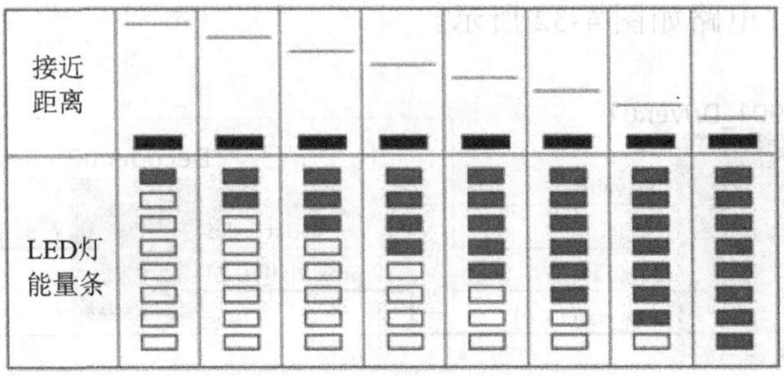

图 4-34　接近距离与能量条显示

4.5　数字温湿度计设计

SHT-20 数字温湿度传感器是一款性价比高的传感器，用量以百万计。它作为尺寸最小的温湿度传感器之一，能测量的温度范围是-20～100℃，湿度范围是 5%～90%，是一种支持 I^2C 协议的数字温湿度传感器。此外，传感器还提供电子的识别跟踪信息。本节通过介绍设计数字温湿度计的方法，可让读者掌握温湿度传感器的原理及驱动设计。

1. 设计任务

任务：基于 STEP-MAX10 核心板和 STEP BaseBoard V3.0 底板，设计数字温湿度计并观察调试结果。

要求：通过驱动底板上的温湿度传感器 SHT-20 测量空气中的温度和湿度，并将温湿度信息显示在 8 位扫描式数码管上。

解析：通过 FPGA 编程驱动 I^2C 接口温湿度传感器 SHT-20，获取温湿度码值信息，同时将两种码值信息经过运算转换成物理温度、湿度数据，再经过 BCD 转码处理并显示到扫描式数码管上。

2. 设计目的

本节主要学习 I^2C 总线的驱动方法，同时熟悉 FPGA 设计中常用的运算方法，最终完成数字温湿度计的总体设计。

(1) 复习 I²C 总线的工作原理及通信协议。

(2) 练习 I²C 接口驱动设计方法，完成温湿度传感器 SHT-20 驱动设计。

(3) 完成数字温湿度计的总体设计。

3. 设计框图

根据前面的解析可知，可以将该设计拆分成以下 4 个功能模块：

(1) SHT20_Driver：温湿度传感器 SHT-20 芯片 I²C 总线通信驱动模块。

(2) Calculate：完成温湿度码值到数码管显示之间的运算、转码和显示控制。

(3) bin_to_bcd：将二进制数据转换成 BCD 码。

(4) Segment_scan：通过驱动扫描数码管将温湿度数据显示出来。

顶层模块 Digital_THM 通过实例化 4 个子模块，并将对应的信号连接，最终实现数字温湿度计的总体设计。图 4-35 为 Top-Down 层次，图 4-36 为模块结构。

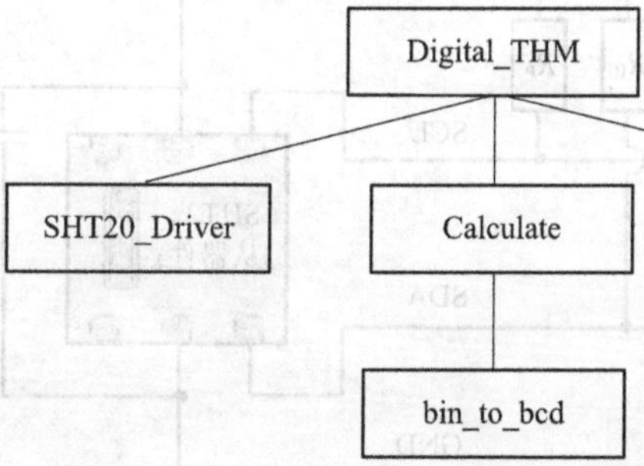

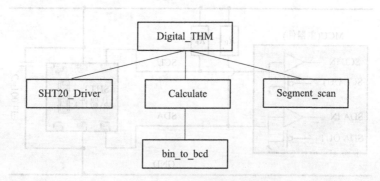

图 4-35　Top-Down 层次

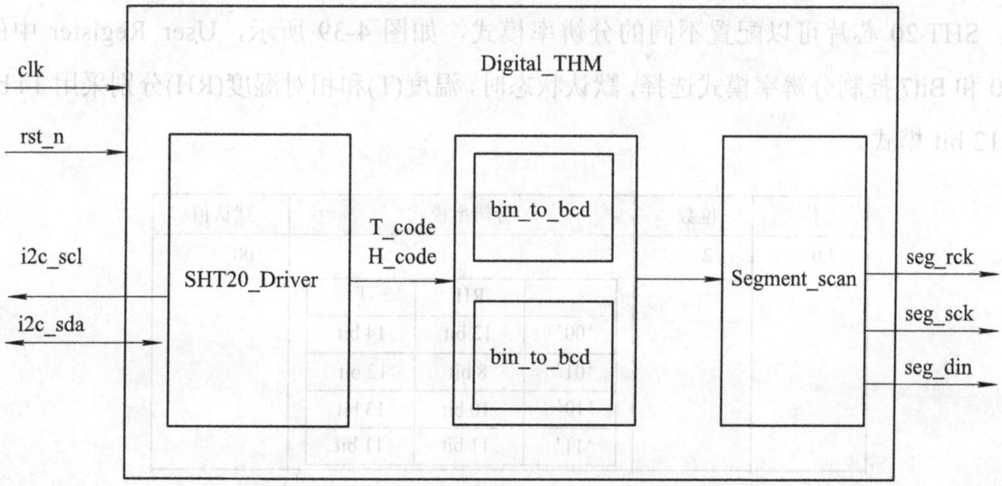

图 4-36　模块结构

4. 设计原理

1) SHT-20 模块介绍

SHT-20 是一款集温度和湿度感测于一体的传感器芯片，采用 3 mm × 3 mm 贴片 DFN 封装，数字 I^2C 总线接口，管脚功能如图 4-37 所示。

引脚	名称	释义
1	SDA	串行数据,双向
2	VSS	地
5	VDD	供电电压
6	SCL	串行时钟, 双向
3,4	NC	不连接

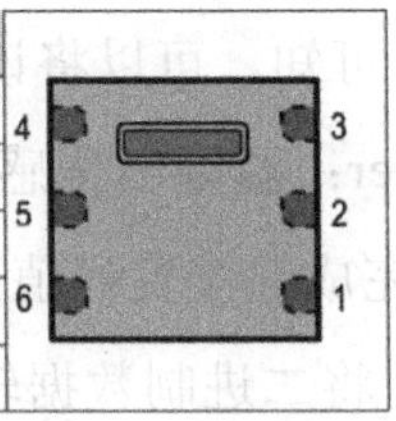

图 4-37　管脚功能

SHT-20 芯片典型电路如图 4-38 所示。

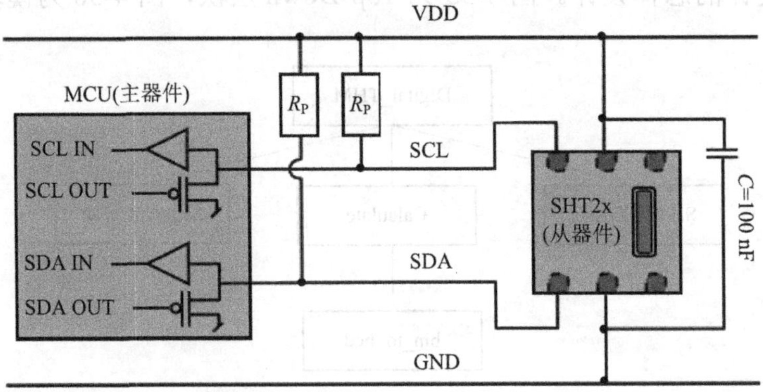

图 4-38　SHT-20 芯片典型电路

SHT-20 芯片可以配置不同的分辨率模式，如图 4-39 所示，User Register 中的 Bit0 和 Bit7 控制分辨率模式选择，默认状态时，温度(T)和相对湿度(RH)分别采用 14 bit 和 12 bit 模式。

<table>
<tr><th>位</th><th>位数</th><th>分辨率模式</th><th>默认值</th></tr>
<tr><td>7,0</td><td>2</td><td>
<table>
<tr><th></th><th>RH</th><th>T</th></tr>
<tr><td>‘00’</td><td>12 bit</td><td>14 bit</td></tr>
<tr><td>‘01’</td><td>8 bit</td><td>12 bit</td></tr>
<tr><td>‘10’</td><td>10 bit</td><td>13 bit</td></tr>
<tr><td>‘11’</td><td>11 bit</td><td>11 bit</td></tr>
</table>
</td><td>‘00’</td></tr>
</table>

图 4-39　分辨率模式配置

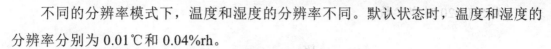

不同的分辨率模式下，温度和湿度的分辨率不同。默认状态时，温度和湿度的分辨率分别为 0.01℃和 0.04%rh。

不同的分辨率模式下，温度和湿度的转换时间也是不同的。默认状态时，温度和湿度的最大转换时间分别为 85 ms 和 29 ms。

温度和湿度的测量范围如图 4-40 所示。

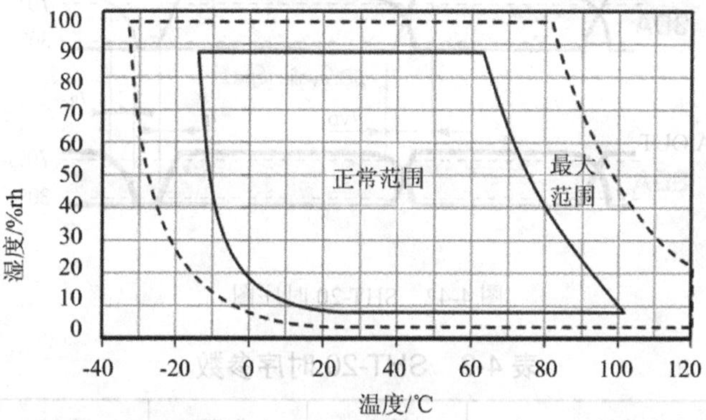

图 4-10　温度和湿度的测量范围

2) SHT-20 模块连接

STEP BaseBoard V3.0 底板上的温湿度传感器 SHT-20 模块电路如图 4-41 所示，与 FPGA 硬件接口的有 I^2C 总线(SCL、SDA)，SHT-20 的分辨率可以通过命令进行更改。

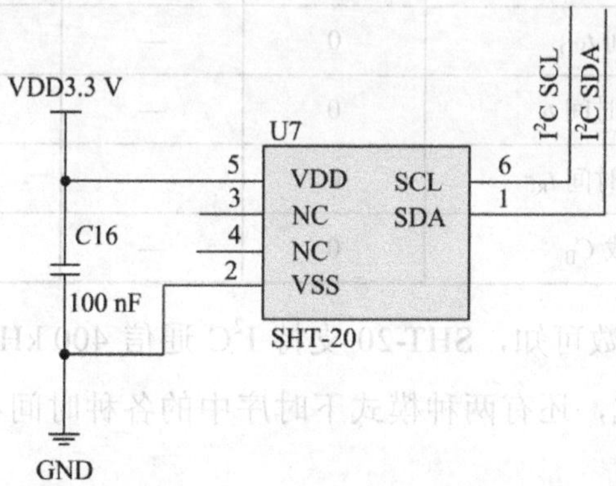

图 4-41　SHT-20 模块电路

3) SHT-20 模块驱动设计

在上一节中学习过 I^2C 总线驱动的设计，本节在智能接近系统设计的基础上做一些调整。首先，了解一下 SHT-20 时序中的参数要点，图 4-42 为 SHT-20 时序图，

表 4-3 为 SHT-20 时序参数。

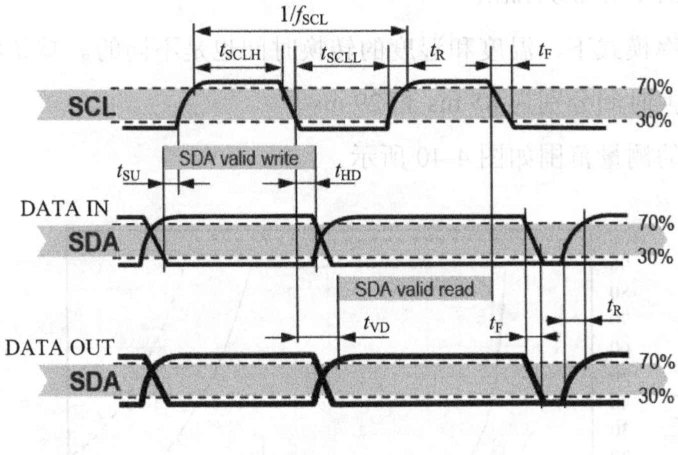

图 4-42　SHT-20 时序图

表 4-3　SHT-20 时序参数

参　数	最小	典型	最大	单位
SCL 频率 f_{SCL}	0	—	0.4	MHz
SCL 高电平时间 t_{SCLH}	0.6	—	—	μs
SCL 低电平时间 t_{SCLL}	1.3	—	—	μs
SDA 建立时间 t_{SU}	100	—	—	ns
SDA 保持时间 t_{HD}	0	—	900	ns
SDA 有效时间 t_{VD}	0	—	400	ns
SCL/SDA 下降时间 t_F	0	—	100	ns
SCL/SDA 上升时间 t_R	0	—	300	ns
总线容性负载 C_B	0	—	400	pF

由 SHT-20 时序参数可知，SHT-20 支持 I^2C 通信 400 kHz 快速模式的同时，兼容 100 kHz 的标准模式，还有两种模式下时序中的各种时间参数，所以通信速度不需要调整。

分频得到 400 kHz 的时钟，其程序代码与智能接近系统设计的代码相同。

I^2C 时序基本单元(启动、停止、发送、接收、写应答、读应答)是协议里统一的，所以基本单元的状态设计也不需要调整。

查找 SHT-20 芯片手册，可以看到 SHT-20 芯片有很多指令，指令如表 4-4 所示。

表 4-4　SHT-20 基础指令

命　令	释　义	代　码
触发 T 测量	保持主机	1110'0011
触发 RH 测量	保持主机	1110'0101
触发 T 测量	非保持主机	1111'0011
触发 RH 测量	非保持主机	1111'0101
写用户寄存器	—	1110'0110
读用户寄存器	—	1110'0111
软复位		1111'1110

本节涉及软件复位、温度测量和湿度测量三个操作，分别查看其时序流程。

软件复位操作时序流程如图 4-43 所示。

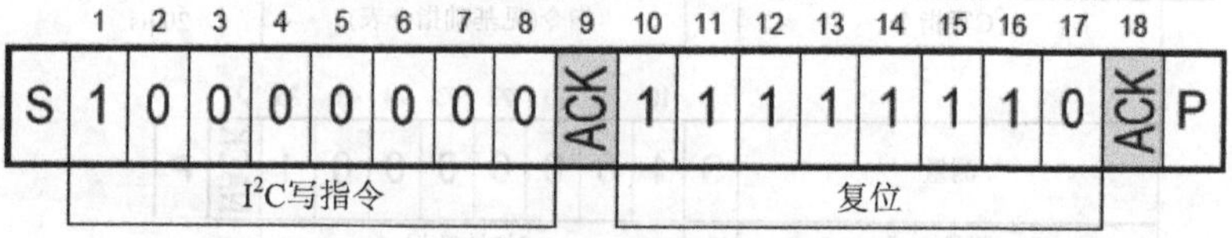

图 4-43　软件复位操作时序流程

将这种操作设计成一个状态，程序代码如下：

```
MODE1:begin     //单次写操作
    if(cnt_mode1 >= 4'd4) cnt_mode1 <= 1'b0;     //对 START 中的子状态执行控制 cnt_start
    else cnt_mode1 <= cnt_mode1 + 1'b1;
    state_back <= MODE1;
    case(cnt_mode1)
        4'd0: begin state <= START; end        //I²C 通信时序中的 START
        4'd1: begin data_wr <= dev_addr<<1; state <= WRITE; end       //设备地址
        4'd2: begin data_wr <= reg_addr; state <= WRITE; end          //寄存器地址
        4'd3: begin state <= STOP; end         //I²C 通信时序中的 STOP
        4'd4: begin state <= MAIN; end         //返回 MAIN
        default: state <= IDLE;                //如果程序失控，则进入 IDLE 自复位状态
    endcase
end
```

FPGA 与传感器之间的通信有两种不同的工作方式：主机模式(hold master)和非

主机模式(no hold master)。在非主机模式下，温湿度测量时序流程如图 4-44 所示，FPGA 需要对传感器状态进行查询，此过程通过发送一个启动传输时序，之后紧接着是如图所示的 I^2C 首字节(10000001)来完成。如果内部处理工作完成，FPGA 查询到传感器发出的确认信号后，相关数据就可以通过 FPGA 进行读取。如果测量处理工作没有完成，传感器无确认位(ACK)输出，则此时必须重新发送启动传输时序。无论哪种传输模式，由于测量的最大分辨率为 14 位，所以第二个字节 SDA 上的后两位 LSBs(bit43 和 bit44)用来传输相关的状态信息。两个 LSB 中的 bit1 表明测量的类型(“0”表示温度；“1”表示湿度)，bit0 位当前没有赋值。

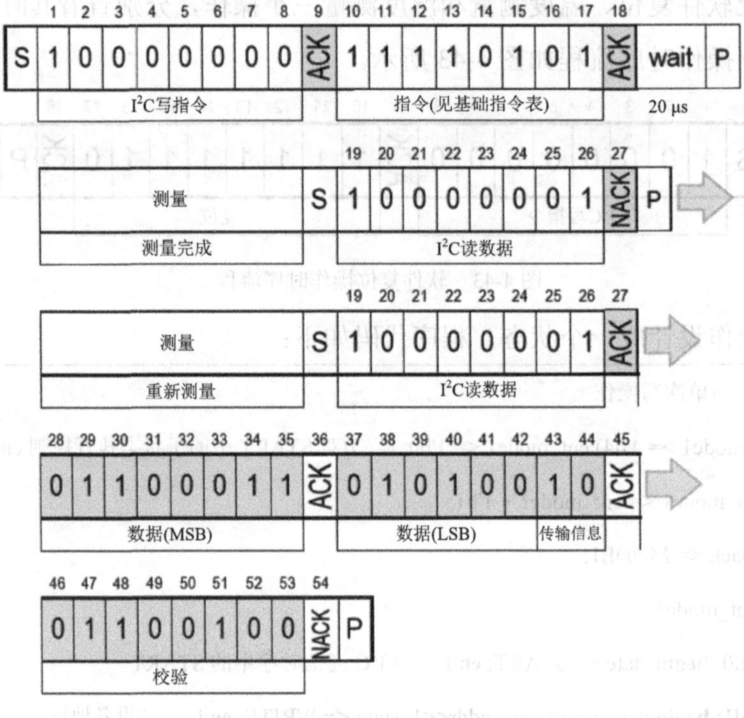

图 4-44　温湿度测量时序流程

非主机通信模式时序的灰色部分由 SHT-20 进行控制。如果测量工作并非完成于读命令，传感器就不会以 27 位提供 ACK(可能发生更多的迭代次数)。如果 45 位被改成 NACK，后接停止时序(P)，校验和传输就被省略。

根据温湿度测量的时序流程，分为写指令部分和读数据部分。写指令部分比复位操作时序流程多了 20 μs 的等待，但是 20 μs 等待不是必需的，可以直接使用 MODE1 状态完成，读数据部分如果没有测量完成，寻址时就会不应答；如果测量完成，则时序流程的程序代码如下：

```
MODE2:begin                                            //两次读操作
    if(cnt_mode2 >= 4'd7) cnt_mode2 <= 4'd0;    //对 START 中的子状态执行控制 cnt_start
    else cnt_mode2 <= cnt_mode2 + 1'b1;
    state_back <= MODE2;
    case(cnt_mode2)
        4'd0: begin state <= START; end                        //I2C 通信时序中的 START
        4'd1: begin data_wr <= (dev_addr<<1)|8'h01; state <= WRITE; end     //设备地址
        4'd2: begin ack <= ACK; state <= READ; end        //读寄存器数据
        4'd3: begin dat_h <= data_r; end
        4'd4: begin ack <= NACK; state <= READ; end      //读寄存器数据
        4'd5: begin dat_l <= data_r; end
        4'd6: begin state <= STOP; end           //I2C 通信时序中的 STOP
        4'd7: begin state <= MAIN; end           //返回 MAIN
        default: state <= IDLE;                  //如果程序失控，则进入 IDLE 自复位状态
    endcase
end
```

最后，通过编程控制状态机，并按照驱动例程代码中的流程运行，其程序代码如下：

```
MAIN:begin
    if(cnt_main >= 4'd9) cnt_main <= 4'd2;          //写完控制指令后循环读数据
    else cnt_main <= cnt_main + 1'b1;
    case(cnt_main)
        //软件复位
        4'd0: begin dev_addr <= 7'h40; reg_addr <= 8'hfe; state <= MODE1; end
        4'd1: begin num_delay <= 24'd6000; state <= DELAY; end     //复位时间为 15 ms
        //测量温度
        4'd2: begin dev_addr <= 7'h40; reg_addr <= 8'hf3; state <= MODE1; end
        4'd3: begin num_delay <= 24'd34000; state <= DELAY; end  //温度转换时间为 85 ms
        4'd4: begin dev_addr <= 7'h40; state <= MODE2; end           //读取配置
        4'd5: begin T_code <= {dat_h,dat_l}; end                      //读取数据
        //测量湿度
```

```
        4'd6: begin dev_addr <= 7'h40; reg_addr <= 8'hf5; state <= MODE1; end
        4'd7: begin num_delay <= 24'd12000; state <= DELAY; end  //湿度转换时间为 30 ms
        4'd8: begin dev_addr <= 7'h40; state <= MODE2; end   //读取配置
        4'd9: begin H_code <= {dat_h,dat_l}; end             //读取数据
        default: state <= IDLE;    //如果程序失控，则进入 IDLE 自复位状态
    endcase
end
```

4) 系统总体设计

SHT-20 驱动模块得到的是温度和湿度的编码值，如果要得到温度和湿度的数据，就需要进行运算。但是运算后的数据是二进制数，因此还需要经过 BCD 转码再显示在数码管上。先学习运算：

$$T=-46.85+175.72\times\frac{S_T}{2^{16}},\ \mathrm{RH}=-6+125\times\frac{S_{\mathrm{RH}}}{2^{16}}$$

以温度的运算为例，S_T 为温度输出信号。FPGA 不擅长小数的运算，因此将小数运算转换成整数运算，如下：

$$T=-46.85+\frac{175.72\times S_T}{2^{16}}=\frac{-4685+17572\times S_T/2^{16}}{100}$$

程序代码如下：

```
wire [31:0] a = T_code * 16'd17572;
wire [31:0] b = a >> 16;   //除以 2^16 取商
wire [31:0] c = (b>=32'd4685)?(b - 32'd4685):(32'd4685 - b);   //绝对值
wire [15:0] T_data_bin = c[15:0];
```

没有集成专用除法器的 FPGA 实现除法运算非常麻烦，需要大量的逻辑资源且性能不佳，所以通常不在 FPGA 中直接做除法运算。上面程序中除以 2^{16} 的除法，可以通过右移 16 位的方式解决；除以 100 在 BCD 码的十进制数据中很好处理，相当于小数点左移两位(十进制位)，所以先完成 BCD 转码。

BCD 转码在前面内容中介绍过，这里直接例化，程序代码如下：

```
//进行 BCD 转码处理
//小数点在 BCD 码基础上左移 2 位，完成除以 100 的操作
//移位后 T_data_bcd[19:16]百位，[15:12]十位，[11:8]个位，[7:0]两个小数位
```

```
wire [19:0] T_data_bcd;
bin_to_bcd u1
(
    .rst_n (rst_n),              //系统复位，低有效
    .bin_code(T_data_bin ),      //需要进行 BCD 转码的二进制数据
    .bcd_code(T_data_bcd )       //转码后的 BCD 码数据输出
);
//4 位数码管用于温度显示，保留 1 位小数
//若温度为负，则将 T_data_bcd[19:16]百位数据用数字 A 替换，同时把数码管 A 的字库显示负号
assign T_data = (b>=32'd4685)? T_data_bcd[19:4]:{4'ha,T_data_bcd[15:4]};
assign dot_en[7:4] = 4'b0010;    //小数点显示使能
```

最后，将 4 个 BCD 码显示在 4 个数码管上，就实现了温度的显示。另外，还可以通过增加高位消零的设计，让数码管显示更加符合日常习惯。

```
//数据显示使能，高位消零
assign dat_en[7] = |T_data[15:12];    //自或
assign dat_en[6] = (b>=32'd4685)?(|T_data[15:8]):(|T_data[11:8]);
assign dat_en[5:4] = 2'b11;
```

综合后的 RTL 电路如图 4-45 所示。

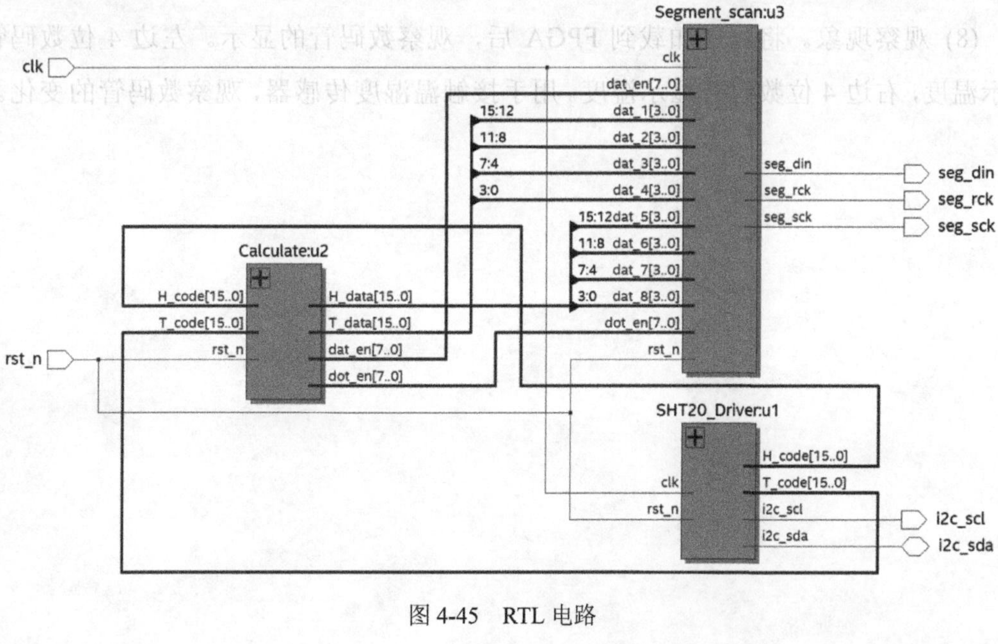

图 4-45 RTL 电路

5. 操作流程

(1) 双击打开 Quartus Prime 工具软件。

(2) 新建工程。选择菜单栏中的“File”→“New Project Wizard”，新建工程(包括工程命名、工程目录选择、设备型号选择和 EDA 工具选择)。

(3) 新建文件。选择菜单栏中的“File”→“New”→“Verilog HDL File”，键入设计代码并保存。

(4) 设计综合。双击“Tasks”窗口页面下的“Analysis & Synthesis”，对代码进行综合。

(5) 管脚约束。选择菜单栏中的“Assignments”→“Assignment Editor”，根据项目需求分配管脚，管脚分配明细如图 4-46 所示。

Node Name	Direction	Location	I/O Bank	VREF Group	Fitter Location	I/O Standard
clk	Input	PIN_J5	2	B2_N0	PIN_J5	3.3-V LVCMOS
i2c_scl	Output	PIN_M4	3	B3_N0	PIN_M4	3.3-V LVCMOS
i2c_sda	Bidir	PIN_P3	3	B3_N0	PIN_P3	3.3-V LVCMOS
rst_n	Input	PIN_J9	5	B5_N0	PIN_J9	3.3-V LVCMOS
seg_din	Output	PIN_B15	8	B8_N0	PIN_B15	3.3-V LVCMOS
seg_rck	Output	PIN_A14	8	B8_N0	PIN_A14	3.3-V LVCMOS
seg_sck	Output	PIN_B13	8	B8_N0	PIN_B13	3.3-V LVCMOS

图 4-46 管脚分配明细

(6) 设计编译。双击“Tasks”窗口页面下的“Compile Design”，对设计进行整体编译并生成配置文件。

(7) 程序烧录。单击“Tools”→“Programmer”，打开配置工具，进行程序烧录。

(8) 观察现象。将程序加载到 FPGA 后，观察数码管的显示。左边 4 位数码管显示温度，右边 4 位数码管显示湿度。用手接触温湿度传感器，观察数码管的变化。

参 考 文 献

[1] 井云鹏，范基胤，王亚男，等. 智能传感器的应用与发展趋势展望[J]. 黑龙江科技信息，2013(21)：111-112.

[2] 孙圣和. 现代传感器发展方向[J]. 电子测量与仪器学报，2009，23(1)：1-10.

[3] 谷有臣，孔英，陈若辉. 传感器技术的发展和趋势综述[J]. 物理实验，2002(12)：40-42.

[4] 程德福，凌振宝，赵静，等. 传感器原理及应用[M]. 2 版. 北京：机械工业出版社，2019.

[5] 梅杰. 智能传感器系统：新兴技术及应用[M]. 北京：机械工业出版社，2018.

[6] 陈雯柏，李邓化，何斌，等. 智能传感器技术[M]. 北京：清华大学出版社，2022.